やさしくわかるPythonの教室

Easy to Understand Python Classroom

JN006782

株式会社ビープラウド　監修
リブロワークス　著

技術評論社

はじめにお読みください

本書に記載された内容は、情報の提供のみを目的としています。したがって、本書を用いた運用は、必ずお客様自身の責任と判断によって行ってください。これらの情報の運用の結果について、技術評論社および著者はいかなる責任も負いません。

本書記載の内容は、2021年4月現在のものを掲載しています。そのため、ご利用時には変更されている場合もあります。また、ソフトウェアはバージョンアップされることがあり、本書の説明とは機能や画面が異なってしまうこともあります。

以上の注意事項をご承諾いただいた上で、本書をご利用願います。これらの注意事項をお読みいただかずにお問い合わせいただいても、技術評論社および著者は対処できません。あらかじめ、ご承知おきください。

はじめに

数ある入門書の中から「やさしくわかるPythonの教室」を手にとっていただき、ありがとうございます。

昨今のPythonを取り巻く環境は機械学習やデータ分析の流行に後押しされ、プログラミング未経験の方からプロのエンジニアにまで幅広く使われる言語になってきたと感じています。Webを検索すると資料も豊富で、公式ドキュメントを参照すると必要な情報が網羅されています。しかしいざ自身でプログラミングを始めようとした時に、膨大なドキュメントのどこから始めたらよいかでつまずくこともあります。

本書は「これからプログラミングを始めたい！」という入門者の方や、「つまずいたことがあるけれどまた学んでみたい」方に送る1冊になっています。前半ではプログラミングやPythonの基本を知り、後半ではまとまった処理の書き方やライブラリを活用しながらPythonの便利機能についても触れていきます。プログラミングに必要となる知識をわかりやすく解説しながら、Pythonを使ったプログラムを書ける体験を得られます。

Pythonは文法や構文で覚えることが少ないためわかりやすく、処理のかたまりを字下げ（インデント）で表現することで見た目が矯正されます。この特性から学習をはじめたばかりでもプログラムの見通しがよくなり、実現したいことに集中してプログラムを記述できます。実際に私がプロのエンジニアになる前、Pythonでプログラミングを学んでいた時も手を動かす中で「これはこれからずっと使っていけそうな言語だ」と感じたことを覚えています。現在の取り組んでいる業務では機械学習やデータ分析に限らず、日常的な処理の自動化や、Webアプリケーションの作成と活用している範囲も広くなってきました。 Pythonと出会わなかったら、今の職種に就けていなかったかもしれません。

各章を学んでいく中ではぜひ、お手元のパソコンで手を動かしながら読み進めてみてください。プログラミングを習得する一番いい方法は実際に自分で使ってみることです。本書を通して自分でプログラムを動かす体験をする中でエッセンスを知り、一歩を踏み出していただけたら幸いです。

2021年4月　株式会社ビープラウド　監修 吉田花春

監修メンバー（株式会社ビープラウド）

鈴木たかのり、清水川貴之、田中文枝、吉田花春、Yukie

Contents

はじめに …… 3
サンプルファイルのダウンロード …… 10

Chapter 1
プログラミングを始めよう

Section 1 プログラミングって何ができるの？ …… 12
Section 2 人気のプログラミング言語Python …… 14
Pythonの長所とは …… 14
Pythonは学習しやすい …… 15
Pythonは汎用性が高い …… 16
Pythonはデータ分析、機械学習が得意 …… 17
Section 3 Pythonを使うための準備 …… 18
さまざまなPythonのインストール方法 …… 18
Pythonの開発に使うツール …… 20
Pythonのインストール …… 21
Section 4 Pythonに触れてみよう …… 24
対話モードとプログラムファイルの実行 …… 24
対話モードの利用 …… 25
サンプルファイルを開いて実行する …… 28

Chapter 2
Pythonの基本を身につけよう

Section 1 プログラムは「データと命令」でできている …… 32
データ（値）の種類——文字列、数値、などなど…… …… 33
命令の種類——演算子、関数、メソッド …… 33
Section 2 電卓のように計算してみよう …… 34
対話モードで「値」を入力する …… 34
足し算と引き算 …… 36
掛け算と割り算 …… 36
長い式を入力する …… 37

Section 3 **ちょっと変わった計算用演算子** …… 40
切り捨て割り算とその余り …… 40
べき乗を求める …… 41
Section 4 **print「関数」という命令を使ってみよう** …… 42
print関数を使う意味 …… 42
複数の値を並べて表示する …… 45
キーワード引数で表示方法を変える …… 46
関数、引数、戻り値 …… 47
Section 5 **何度も使う値は「変数」に入れよう** …… 48
変数を使うメリット …… 48
変数の使い方 …… 49
変数の命名ルール …… 50
Section 6 **さまざまな種類の文字列** …… 52
「'」と「"」の使い分け …… 52
文字列の中に変数を差し込む …… 53
特殊文字を指定するエスケープシーケンス …… 55
正規表現で使うRAW文字列 …… 56
複数行書ける三重クォート文字列 …… 56
Section 7 **文字列の演算と型変換** …… 58
+演算子で文字列を連結する …… 58
*演算子で文字列を繰り返す …… 59
数値と文字列を連結するには …… 60
「型」を意識しよう …… 61
Section 8 **複数の値をリストに入れる** …… 62
リストを作成する …… 62
1つの値を参照する、置き換える …… 63
リストから指定範囲を取り出す …… 64
負のインデックスを使う …… 65
Section 9 **複数の値をタプルに入れる** …… 66
タプルを作る …… 66
Section 10 **複数の値を辞書に入れる** …… 68
辞書を作成する …… 68
辞書とリストを組み合わせる …… 69
Section 11 **オブジェクトとメソッドを使ってみよう** …… 72
オブジェクトは「データ」と「操作する命令」からなる …… 72
appendメソッドで要素を追加する …… 73
リストから要素を取り出す …… 74
リストの要素を並べ替える …… 75

Chapter 3

処理の流れを制御しよう

Section 1 分岐と反復でもっと便利なプログラムに …… 80
分岐によって状況判断できるようになる …… 81
反復によって繰り返し仕事ができるようになる …… 81
Section 2 大きいか、小さいか、同じか？ …… 82
値を比較する演算子 …… 82
文字列を比較する …… 84
含まれるかどうかをチェックする …… 85
Section 3 条件によって処理を変える …… 86
if文でTrueのときに処理を実行する …… 86
Falseのときに実行するelse節 …… 88
Section 4 入力に応じて結果を変える対話型プログラムを作ろう …… 90
input関数でユーザーの入力を受け取る …… 90
input関数で数値を受け取る …… 91
input関数をif文と組み合わせる …… 92
入力値をチェックする …… 93
Section 5 もっと複雑な条件分岐 …… 96
if文のブロック内にif文を入れる …… 96
not演算子でTrueとFalseを入れ替える …… 98
elif節を追加して多段階分岐する …… 99
and演算子とor演算子で複数の条件をまとめる …… 100
Section 6 リストのデータを繰り返し処理する …… 102
for文でリストの要素を1つずつ取り出す …… 102
繰り返しでリストのインデックスも使いたい場合は …… 104
リストで使える便利ワザ …… 105
Section 7 回数を決めて繰り返す …… 106
range関数で連続する値を生成する …… 106
入れ子の繰り返しで運賃表を作る …… 107
Section 8 繰り返し処理でリストをすばやく作る …… 110
内包表記でリストを作る …… 110
if句で条件を追加する …… 112
Section 9 条件式を使って処理を繰り返すwhile文 …… 114
while文を使って対話型プログラムを作る …… 114

Section 10 繰り返しを制御する文 116
繰り返しを終了するbreak文 116
処理を1回スキップするcontinue文 117
繰り返し文にもelse節を付けられる 119

Chapter 4

ライブラリでPythonはもっと楽しくなる

Section 1 標準ライブラリはバッテリー？ 122
モジュールとインポート 123
Section 2 import文の使い方を覚えよう 124
一番シンプルなインポート 124
モジュールの一部だけインポートする 125
別名を付けてインポートする 126
Section 3 日付時刻を扱うdatetime 128
datetimeモジュールが持つ機能 128
日時を表すオブジェクトを作る 129
日付の表示形式を指定する 130
時間差を表すtimedeltaオブジェクトを使ってみよう 132
Section 4 ファイルを扱うpathlib 134
pathlibモジュールが持つ機能 134
ファイル一覧を取得する 135
テキストファイルを読み込む 137
テキストファイルに書き込む 138
Section 5 テキストファイルを文字列操作する 140
strオブジェクトが持つ機能 140
テキストファイルを行ごとに分割する 141
テキストを辞書に記録する 142
対話型プログラムにしてみよう 143
Section 6 正規表現を扱うre 144
reモジュールと正規表現 144
簡単なパターンで正規表現を使ってみる 145
小数点を含む数値かどうか判定する 147
表記ゆれを修正する 149

Chapter 5

関数とクラスで処理をまとめよう

Section 1 処理に名前を付けてどうするの？ 152
関数、引数、戻り値 153
メソッドとクラス 153
Section 2 関数を自分で作ろう 154
関数はdef文で定義する 154
引数とスコープ 156
Section 3 戻り値のある関数を作ろう 158
return文で戻り値を返す 158
関数から関数を呼び出す 160
Section 4 変数と値の関係をあらためて理解する 162
変数は値を参照する 162
ミュータブル（変更可能）な値の場合 163
Section 5 さまざまな種類の引数を使いこなす 164
キーワード引数を利用する 164
デフォルトの引数値を指定する 165
可変長位置引数を定義する 165
可変長キーワード引数を定義する 166
Section 6 トレースバックでエラー原因を探そう 168
トレースバックって何？ 168
エラーメッセージを検索しよう 171
Section 7 クラスはオブジェクトの設計図 172
オブジェクトとクラス 172
クラスとインスタンス 173
クラスを定義するclass文 174
メソッドの定義にはdef文を使う 175
メソッド内でインスタンス変数を作る 175
Section 8 クラス定義に挑戦する 176
クラスの仕様を考える 176
インスタンス作成時に初期値を設定する 177
メソッドを定義する 178
文字列としてどのように表示するかを決める 179
クラス関連のちょっとだけ高度なトピック 181

Section 9 関数やクラスをモジュールにする …… 182
Pythonのプログラムファイル=モジュール …… 182
モジュールを作成する …… 183
モジュールに実行可能な処理が書かれていた場合 …… 185

Chapter 6
サードパーティ製ライブラリで世界はさらに広がる

Section 1 サードパーティ製ライブラリとは …… 190
pandasとTensorFlow …… 191
Section 2 サードパーティ製ライブラリを使おう …… 192
サードパーティ製ライブラリとpipコマンド …… 192
サードパーティ製ライブラリのジャンル …… 193
インストール済みのパッケージを確認する …… 194
パッケージをインストールする …… 194
Section 3 pandasで表データを分析しよう …… 196
pandasとは …… 196
統計データを探す …… 197
CSVファイルを読み込む …… 198
データの一部を省略する …… 199
列の内容を処理する …… 201
ピボットテーブルを作成する …… 202
折れ線グラフを作成する …… 204
面グラフを表示する …… 206
Section 4 TensorFlowでAI技術を体験しよう …… 208
機械学習とTensorFlow …… 208
TensorFlowのチュートリアルに触れてみよう …… 210
学習用のデータを用意する …… 212
「モデル」を構築する …… 213
モデルを使って予測する …… 215
パソコン内でTensorFlowを動かすには …… 216

あとがき …… 219
索引 …… 221

サンプルファイルのダウンロード

本書で紹介しているサンプルファイル（学習用の素材を含みます）は、以下のサポートページよりダウンロードできます。

サポートサイト https://gihyo.jp/book/2021/978-4-297-12117-4/support

ダウンロードしたファイルはZIP形式で圧縮されていますので、展開してから使用してください。Pythonサンプルプログラムが収録されています。

ghkwPython

ファイル　ホーム　共有　表示

PC ＞ ドキュメント ＞ ghkwPython

名前	更新日時	種類
c2_4_1.py	2020/11/24 0:00	PY ファイル
c2_4_2.py	2020/11/24 0:56	PY ファイル
c2_4_3.py	2020/11/24 1:21	PY ファイル
c2_4_4.py	2020/11/24 1:19	PY ファイル
c2_4_5.py	2021/01/10 19:00	PY ファイル
c2_5_1.py	2021/02/02 21:06	PY ファイル
c2_5_2.py	2021/02/02 21:07	PY ファイル
c2_6_1.py	2020/11/24 21:28	PY ファイル

登場人物紹介

ゆう先生

プログラミング言語のPythonに詳しいが、本業は英語の先生。運動が苦手なので、100メートル走だと途中で歩いてしまう。スルー力高め。

わかっち

通称わかっち、本名は「わか」。ゆう先生のクラスの生徒で、明るいが調子にのりやすい。お魚をくわえたまま100メートルを12秒で走り切ったことがある。

Chapter 1

プログラミングを始めよう

1 Section プログラミングって何ができるの？

大変だよ！　電子化がDXで、クラウドがビックデータで、AIがディープラーニングだよ！！　FAX捨てなきゃ！

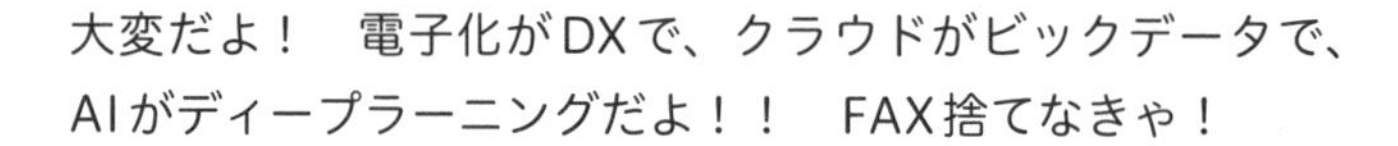

そんなにパニックになってどうしたの？

私もよくわからないんだけど、これからはすべてが電子化されるから、自動化とかデータサイエンスとかやらないと、世界に取り残されるらしいの！

大げさに騒ぎすぎてる面もあるけど、今後は、ITやプログラミングの知識がまったくないと困るでしょうね

プログラミング？　何でプログラミングが必要なの？

電子化した情報は、プログラムで簡単に扱えるからだよ。自分でプログラムを書けば、自動化も分析も好きなようにできるよね

でも、難しいんでしょ？

それは目指すところによるよ。プロのソフトウェアエンジニアを目指すなら、難しいのもしかたないよね。でも、自分がいつもやってる仕事を自動化したり、データ分析したりするレベルなら、そこまで難しくはないんだ

なるほどねー。プロの料理人を目指すのと、自分で食べる料理を作る、みたいな違いだね

そういうこと。気軽にプログラミング入門してみよう！

プログラミングとはプログラムを作ることですが、どんなものを作るかによって大きく変わります。特にプロのソフトウェアエンジニアが作るプログラムと、自分（&近しい人）だけが使うプログラムの大きな違いは、**ユーザーの数**です。

多くの人が使うプログラムの場合、意味不明のエラーメッセージを出して止まっては困りますし、使い勝手にも気を配らなくてはいけません。そのためプログラミング以外に、動作や使い勝手の検証などの作業も発生します。

それに対し、ユーザーが自分を含めた数人であれば、エラーが出てもすぐに修正すればいいですし、多少使い勝手が悪くても運用の工夫で乗り切ることができます。

本業はエンジニアではなくても、**自分の仕事を効率化するためにプログラミング**する。それも、現実的な未来の1つです。

2 Section 人気のプログラミング言語Python

というわけで、今からPython（パイソン）というプログラミング言語に挑戦してみよう

Pythonって名前は聞いたことある……。何でPythonなの？

学習しやすさとか、事務処理にも使える汎用性とか、人気のデータ分析が得意とか、いくつか理由があるよ！

Pythonの長所とは

プログラムを書くために使われる言語のことを**プログラミング言語**といい、本書で解説するPythonもその一種です。Pythonが誕生したのは1990年前後ですが、国内で注目を集めるようになったのはここ数年なので、新しい言語というイメージがあります。

Pythonの長所とされるのは、主に次のような点です。

- **読みやすい記述とドキュメントの充実による学習しやすさ**
- **事務処理の自動化からWebサーバー開発までこなす汎用性の高さ**
- **データ分析、機械学習用のライブラリ（プログラムに機能を追加できるもの）が充実**

これらの長所が、**「デジタルトランスフォーメーション（DX）」「データサイエンス」「ディープラーニング（機械学習の一種）」**などの時代の要請とマッチし、短期間でめざましく普及しました。現在では、情報科の教科書や、IPA基本情報技術者試験などの資格試験でも、採用されています。

次はPythonの特長を、もう少し詳しく見ていこう

Pythonは学習しやすい

プログラミング言語は非常に多く、広く使われているものに絞っても10や20では済みません。しかし、かなり大ざっぱに整理すると次の3つに分けられます。

①ルールが多く、複雑なプログラムの開発に適した言語
②覚えやすく手早く書ける言語
③特定の用途（データベースや計算処理）に特化した言語

プログラミング入門書で採り上げられることが多い言語の中だと、Java、C言語、C++、C#などは①に、PythonやJavaScript、Rubyなどが②に分類できます。例としてPythonとJavaのプログラムを比較してみましょう。

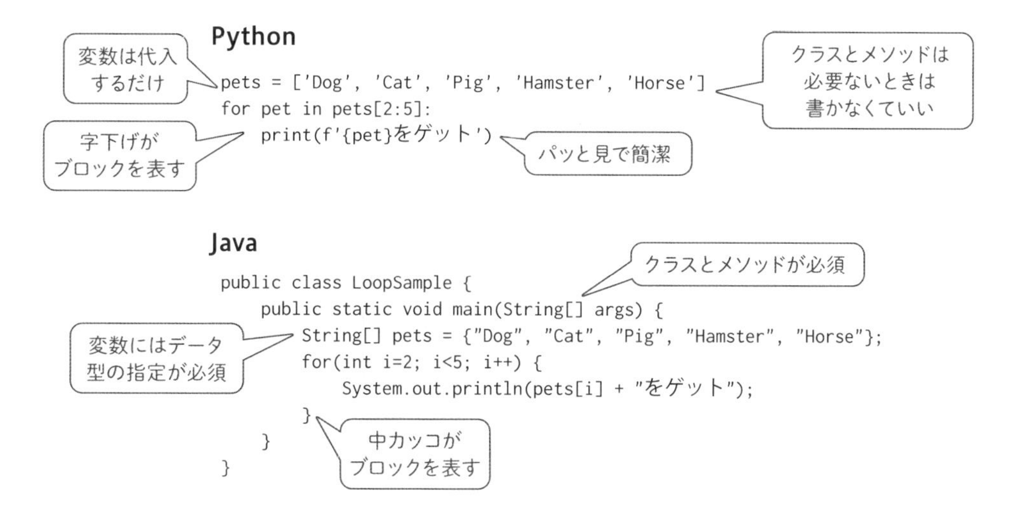

どちらも同じ結果を出すためのものですが、パット見でJavaのほうが長いですね。もちろん何の理由もなく長いわけではありません。しかし、未経験の入門者にとってすれば、**覚えることが少なく、読みやすく、書きやすい言語のほうが学習しやすい**のは事実です。

プログラミング言語に優劣はないけど、「複雑なものを確実に作りたい」「とにかく手早く短く作りたい」みたいに方向性の違いはあるんだよ

Pythonは汎用性が高い

Pythonは、データサイエンスやディープラーニングなどのブームと共に普及したため、データ分析系で使われる言語というイメージもあります。しかし実際は、**ちょっとした事務処理の自動化**や**Webアプリケーションの開発**など、さまざまな用途で利用できます。

例えば、大量のテキストファイルや画像ファイルを読み込んで加工したり、Webから情報を集めたり（スクレイピング）、ファイルを整理したりといった、人間が日常的に行う仕事の自動化が可能です。

また、最近注目を集めているのが、**Excelファイルの自動処理**です。Excelはビジネスパーソンの必修科目とされる表計算ソフトで、その自動化には、Excel内蔵のマクロ言語（VBA）や、GUI操作を自動化するRPA（Robotic Process Automation）などが使われてきました。Pythonを使うと高速にファイル処理できるのに加えて、Pythonが得意とするスクレイピングやデータ分析系の処理と組み合わせて使うこともできます。

すごーい。何でそんなにいろいろできるの？

それはね。Pythonには便利な機能の図書館「ライブラリ」が付いているから

Pythonには言語自体に最初から付属する**標準ライブラリ**に加え、追加インストールできる**サードパーティ製ライブラリ**が充実しています。それがPythonの汎用性を支えているのです。

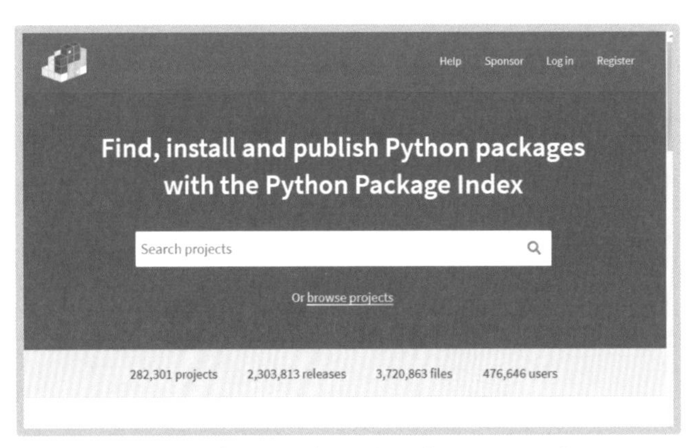

● サードパーティ製ライブラリを配布するPyPI（The Python Package Index）
https://pypi.org/

Pythonはデータ分析、機械学習が得意

Pythonが得意とされるジャンルですが、「ビッグデータ」「ディープラーニング」「データサイエンス」などの用語だけが先行しているので、まずは用語を整理しましょう。

ネットの普及によって、売り上げデータ、アンケート、何かのシステムのログなど、大量のデータが集めやすくなりました。このような大量データが**ビッグデータ**です。データは集めただけでは意味がありません。統計学の手法などを使って分析し、何らかの仕事に役立つ答えを導き出す必要があります。これが**データサイエンス**です。

データ分析には人工知能（AI）を使って答えを予測する手法があり、その研究の中で、大量のデータを使ってAIを鍛え、予測精度を上げる技術が生まれました。それが**機械学習**であり、**ディープラーニング**も機械学習に含まれます。

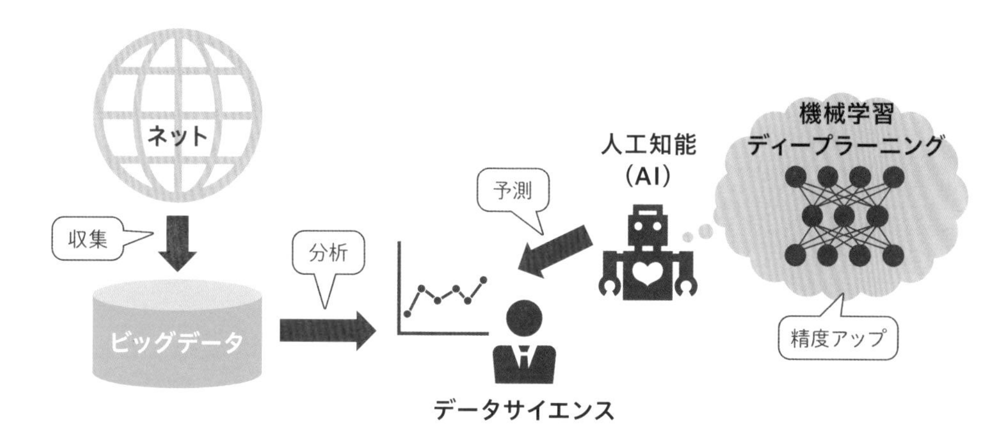

へー。で、これらとPythonはどういう関係があるの？

Pythonにはかなり早い時期から数値計算用のサードパーティ製ライブラリがあって、大学のAI研究などに使われていたの。そこで、Pythonを使った研究論文が発表され、それをもとにライブラリが強化され……の繰り返しで、得意ジャンルになったわけ

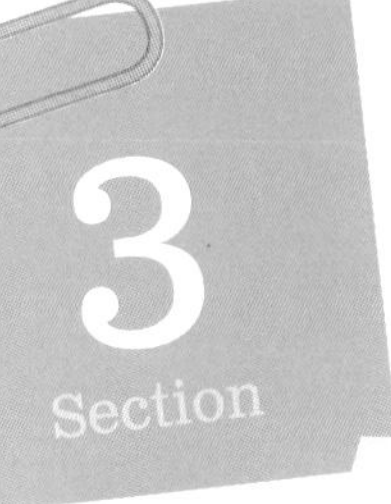

3 Section Pythonを使うための準備

それじゃ、Pythonを使うための準備を始めようか

準備って、何が必要なの？　お金かかる？

最低限必要なのは、Pythonのプログラムを解読して実行するインタープリタ。他に開発用のテキストエディタとかね。ここで紹介するツールは無料で使えるよ

さまざまなPythonのインストール方法

Pythonのインストール方法はいくつかあります。基本は**Python公式サイト**からのインストールです。Pythonのプログラムを解読して実行するインタープリタや、簡単な開発環境のIDLE（アイドル）などが利用できます。本書ではこの公式のPythonを用います。

● Python公式
https://www.python.org/downloads/

Pythonのインタープリタに、よく使われるサードパーティ製ライブラリと周辺ツールを加えたものが**Anaconda（アナコンダ）**です。Pythonがヘビなので、それをもじった名前ですね。Anaconda Navigatorという環境管理ツールがあり、GUIでライブラリの管理を行えます。

便利ですが、最初から何もかもそろっているので、初心者だと逆にとまどう面もあります。

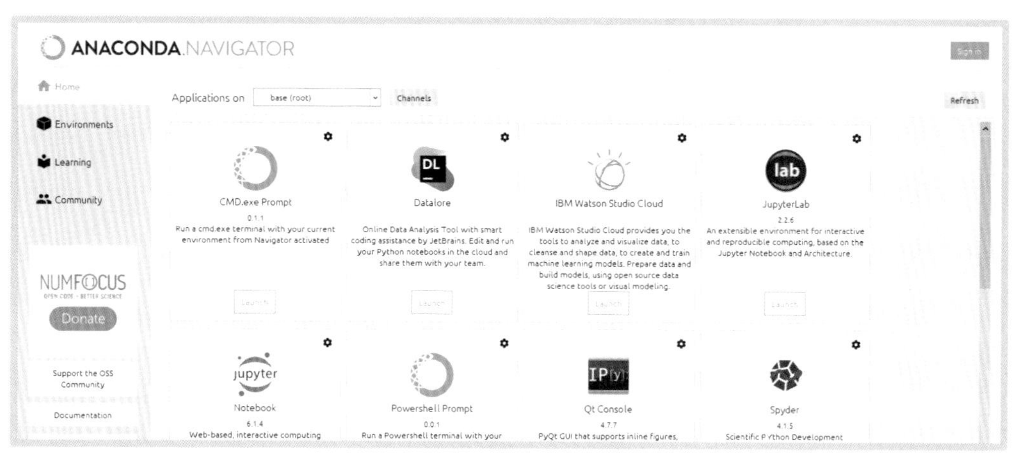

● Anaconda Navigator

https://docs.anaconda.com/anaconda/navigator/

Web上でPythonを利用できるオンラインサービスの**Google Colaboratory（グーグル コラボレイトリー）**もあります。環境設定抜きでプログラムを実行でき、データ分析や研究に向いています。ただし、パソコン内のファイルが扱えないので、事務処理の自動化は苦手です。

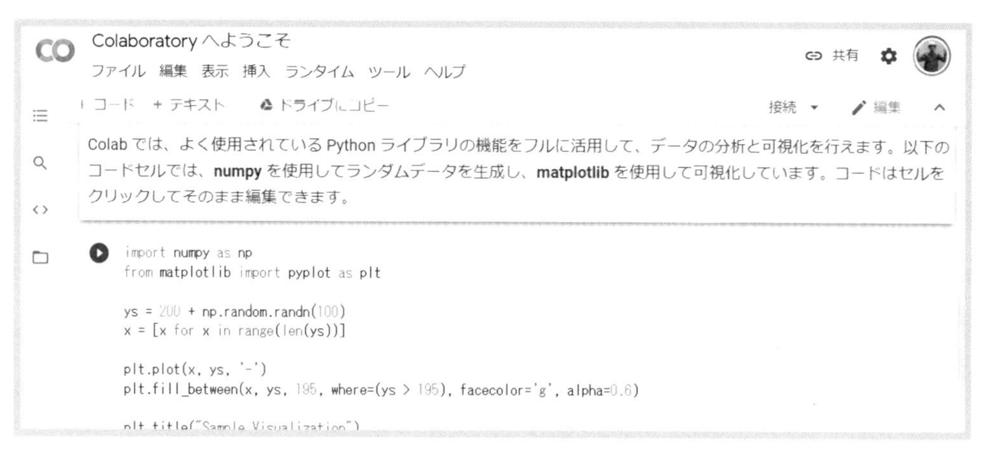

● Google Colaboratory

https://colab.research.google.com/notebooks/welcome.ipynb?hl=ja

Pythonの開発に使うツール

Pythonの開発に使われるツールをいくつか紹介します。**IDLE（アイドル）**はPythonに付属する開発ツールで、対話モードのシェルウィンドウとプログラムファイルを書くためのエディタウィンドウで構成されています。機能は少ないですが、インストールしてすぐに使える手軽さがメリットです。

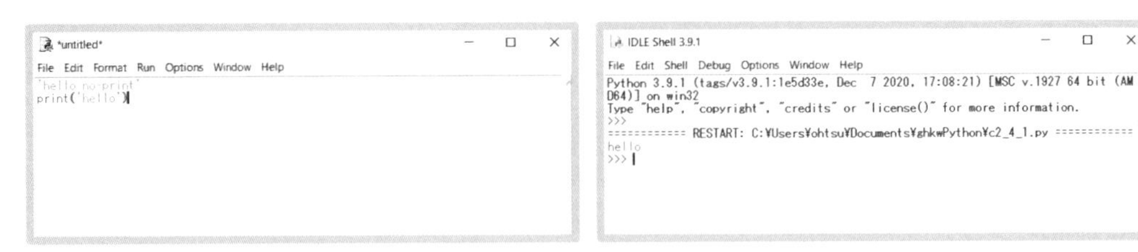

IDLEのシェルウィンドウとエディタウィンドウ

より本格的な開発では、**Visual Studio Code（ビジュアル スタジオ コード）**などのプログラミング用エディタが使われます。無料で使える上に、開発支援用の拡張機能（プラグイン）も豊富です。

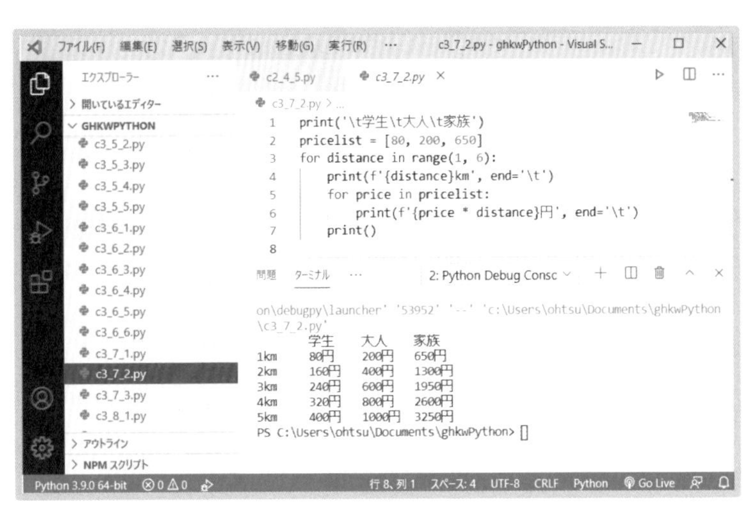

- **Visual Studio Code**
  https://code.visualstudio.com/

データ分析や研究用途では、プログラムやデータを何度も変更しながら結果を確認していきます。そのような試行錯誤に向いたツールが**Jupyter Notebook（ジュピター ノートブック）**です。エディタと対話モードのシェルが一体化したWebアプリで、何度も試行錯誤できる上に、解説文を書き込んでレポートとして使うこともできます。

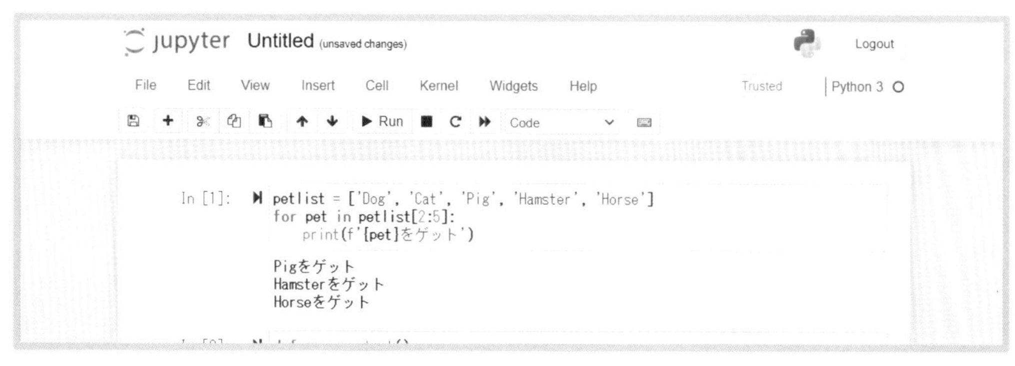

● Jupyter Notebook

いろいろあるのはわかったけど、どれを使ったらいいの？

今回はPython公式からインストールして、IDLEを中心に使っていくよ。機能は少ないけど、アレコレ考えずに基礎の学習に集中できるし

Pythonのインストール

公式サイトからPythonをインストールしましょう。ダウンロードページを表示すると、そのとき使っているパソコンのOSに合わせたPythonがダウンロードできます。本書では3.9.1を使用していますが、それ以上のバージョンであれば問題ありません。

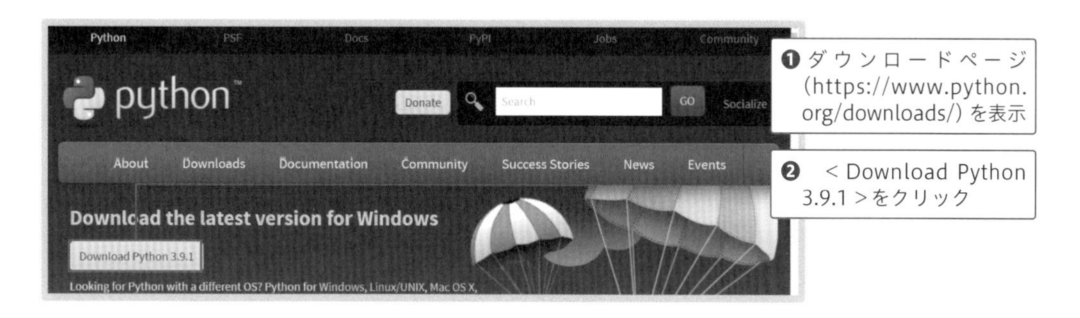

Windowsにインストールするときは、最初の画面の**＜Add Python 3.9 to PATH＞にチェックを入れる**のを忘れないようにしましょう。パスの設定は、コマンドプロンプトなどにPythonコマンドの場所を伝えるためのものです（P.27、30参照）。

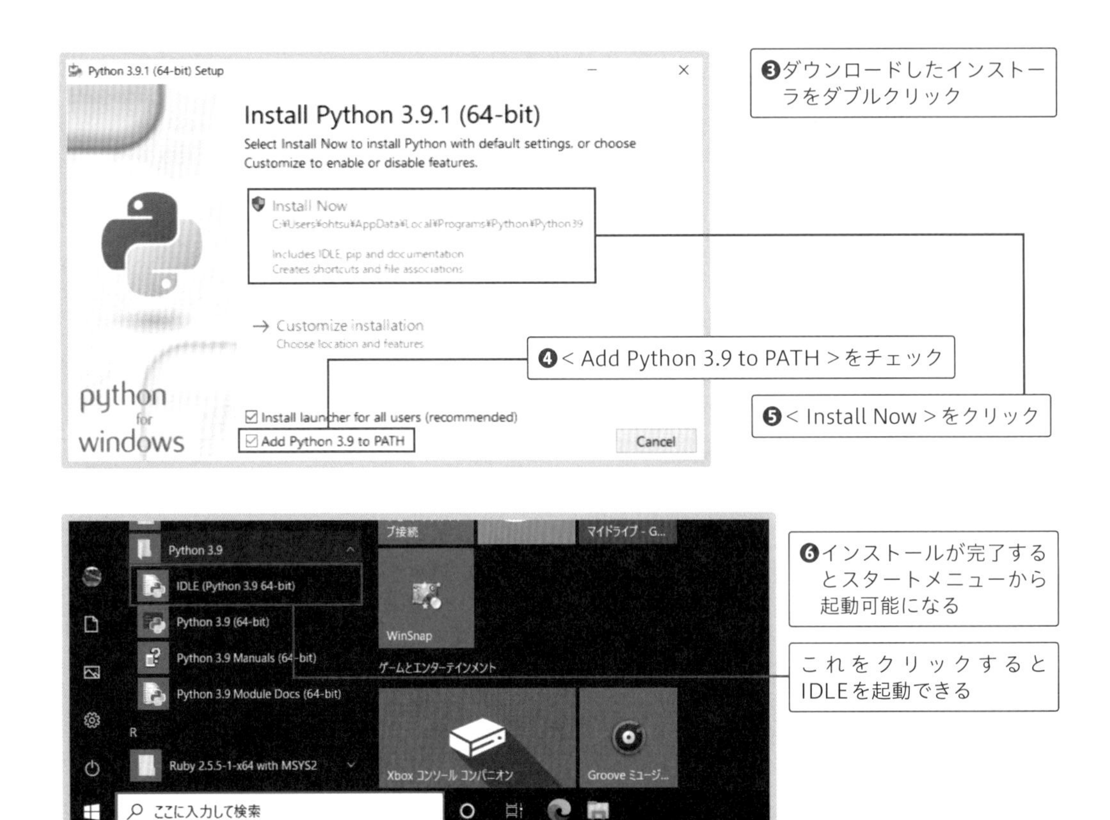

macOSでも同様に、公式ダウンロードページからダウンロードしたインストーラをダブルクリックしてインストールを進めます。基本的には＜続ける＞をクリックしていけばインストールは完了します。

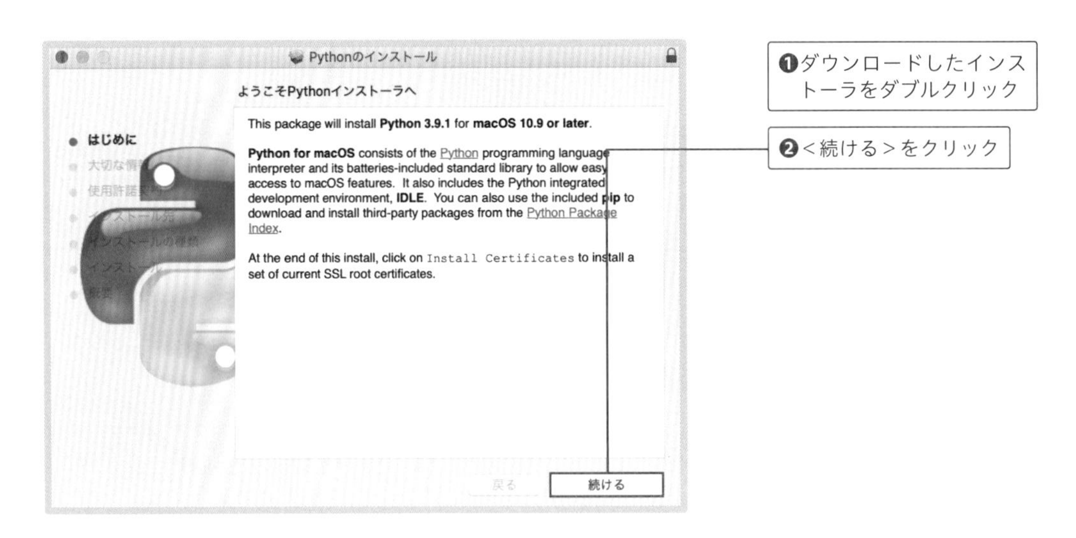

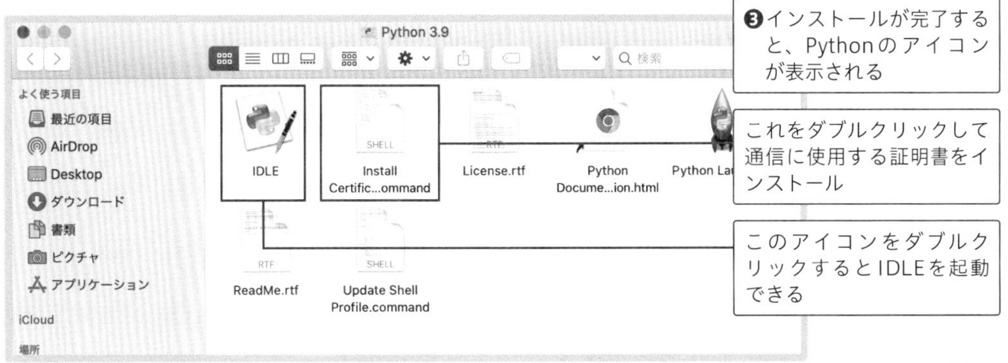

インストールはそんなに難しくないね

インストールで問題が起きるとすると、異なるバージョンのPythonをインストールしている場合かな。特に必要なければ、古いバージョンはアンインストールするといいかも

複数バージョンを使い分けたい場合は

学習段階では複数のバージョンを使う必要はありませんが、本格的な開発になると、バージョンごとの使い分けが必要になることもあります。

Windowsでは Python ランチャー（py.exe）という Pythonに付属するツールを利用し、コマンドプロンプトで「py -3」「py -3.9」のように実行します。「-3」とだけ入力した場合は、バージョン3.xのいずれかが利用されます。

macOSでは、ターミナルで「python3」や「python3.9」のようにバージョン付きで実行します。macOSは標準で古いPythonがインストールされているため、「python」コマンドだけだと古いほうが実行されることがあります。「python3」などで実行するようにしてください。

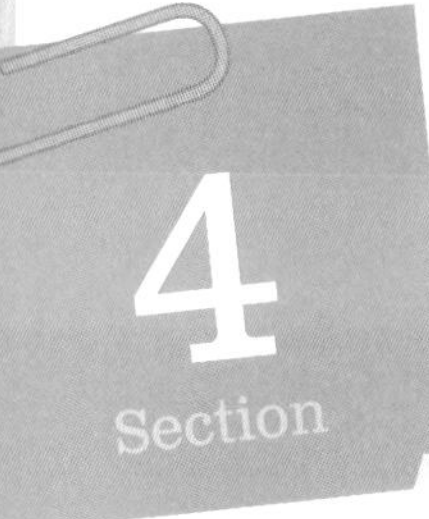

Pythonに触れてみよう

本格的に学習する前に、軽くPythonに触れてみよう

「軽く触れる」って何をするの？　プログラミングはじめてだけど大丈夫？

はじめは意味がわからなくても大丈夫。Pythonのプログラムを入力して動かしてみよう。まずはPythonプログラムの実行方法を覚えてほしいの

対話モードとプログラムファイルの実行

Pythonのプログラムの実行方法は、大きく分けて2つあります。1つは**対話モード**で、「プログラムを1文入力」「結果の表示」を交互に繰り返し、Pythonのインタープリタと対話するようにプログラムを実行していきます。学習やテストに向いた方法で、IDLEでは**シェルウィンドウ**を使って行います。

もう1つは、プログラムファイルを書いて、それを実行する方法です。プログラミング言語で書いたファイルのことを**ソースコード**といい、それをPythonのインタープリタに渡して一気に実行します。実用的なプログラムを作るときは、こちらを使います。

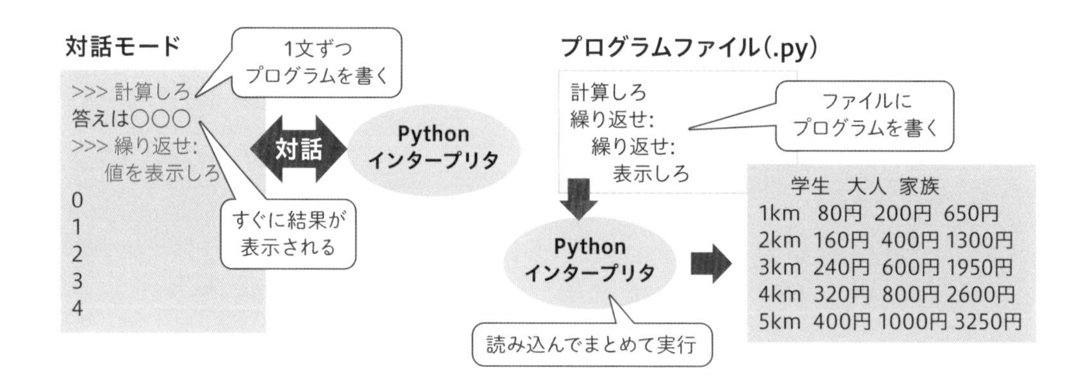

対話モードの利用

まずはIDLEのシェルウィンドウで、対話モードを試してみよう。プログラムの意味を1文ずつ調べながら動かせるから、最初の学習に向いたモードだよ

対話って、たぶんパソコンに話しかけることじゃないよね？「ヘイ、パイソン！」って

キーボード入力だよ。ちなみに対話モードに限らずプログラムを入力するときは、「半角英数モード」にしてね。日本語が使える場所は限られているの

P.22、23の画面からIDLEを起動すると、**シェルウィンドウ**が表示されます。Pythonのバージョンが表示され、最後に「>>>（大なり3つ）」が表示されます。この「>>>」を**プロンプト**といい、Pythonのプログラムを入力できる場所を示しています。

```
IDLE Shell 3.9.1
File  Edit  Shell  Debug  Options  Window  Help
Python 3.9.1 (tags/v3.9.1:1e5d33e, Dec  7 2020, 17:08:21) [MSC v.1927 64 bit (AM
D64)] on win32
Type "help", "copyright", "credits" or "license()" for more information.
>>>
```

プロンプト

次のプログラムを入力してみましょう。Enter キーを押すと実行されます。

対話モード

```
>>> 128 + 256
```

```
IDLE Shell 3.9.1
File  Edit  Shell  Debug  Options  Window  Help
Python 3.9.1 (tags/v3.9.1:1e5d33e, Dec  7 2020, 17:08:21) [MSC v.1927 64 bit (AM
D64)] on win32
Type "help", "copyright", "credits" or "license()" for more information.
>>> 128 + 256
384
>>> |
```

❶「128 + 256」と入力して Enter キーを押す

❷計算結果が表示される

これはたぶん足し算したんだよね？　答えが出たし

そう、計算の命令を伝えたから、結果が返ってきた。これが対話だよ

次は2行のプログラムを入力してみましょう。Pythonでは行の最後に「:（コロン）」を入力すると、続きの行があることを示します。「:」を入力したあとは次の行を入力できる状態になるので、そのまま2行目を入力して何度か Enter キーを押すと結果が表示されます。

対話モード

```
>>> for x in range(5):
        print(x)
```

```
*IDLE Shell 3.9.1*
File Edit Shell Debug Options Window Help
Python 3.9.1 (tags/v3.9.1:1e5d33e, Dec  7 2020, 17:08:21) [MSC v.1927 64 bit (AM
D64)] on win32
Type "help", "copyright", "credits" or "license()" for more information.
>>> 128 + 256
384
>>> for x in range(5):
```

❶1行目を入力して Enter キーを押す

```
*IDLE Shell 3.9.1*
File Edit Shell Debug Options Window Help
Python 3.9.1 (tags/v3.9.1:1e5d33e, Dec  7 2020, 17:08:21) [MSC v.1927 64 bit
D64)] on win32
Type "help", "copyright", "credits" or "license()" for more information.
>>> 128 + 256
384
>>> for x in range(5):
        print(x)
```

❷2行目を入力して Enter キーを押す

行頭の字下げは削除しないでください

```
*IDLE Shell 3.9.1*
File Edit Shell Debug Options Window Help
Python 3.9.1 (tags/v3.9.1:1e5d33e, Dec  7 2020, 17:08:21) [MSC v.1927 64 bit (AM
D64)] on win32
Type "help", "copyright", "credits" or "license()" for more information.
>>> 128 + 256
384
>>> for x in range(5):
        print(x)
        
```

❸さらにもう1回 Enter キーを押す

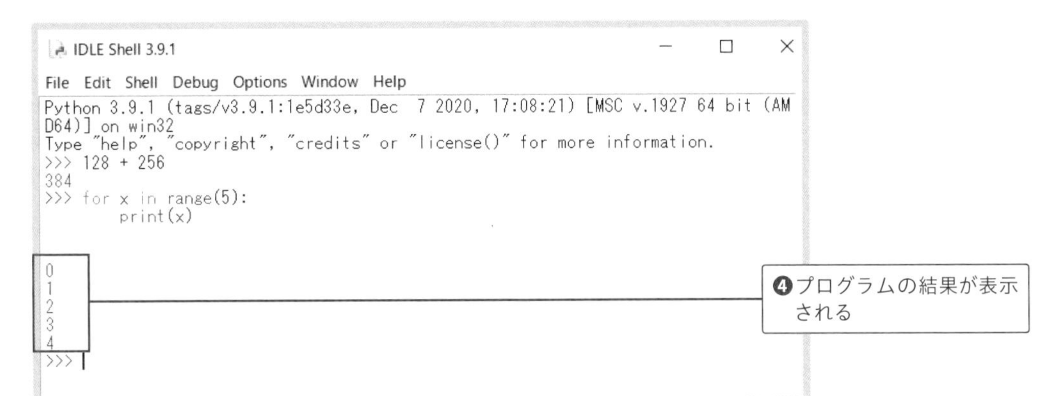

何か数字がいっぱい出た。0、1、2、3、4 ?

これは繰り返し文というもので、数字を順番に表示しているの。数字の意味は特にないけどね

コマンドプロンプトやターミナルで対話モードを利用する

IDLEを使わずに対話モードを利用するには、Windowsのコマンドプロンプトやmac OSのターミナルを起動し、「python」コマンド（macOSでは「python3」コマンド）を入力します。対話モードのプロンプトが表示され、IDLEのシェルウィンドウと同じようにプログラムを実行できるようになります。対話モードを終了したいときは、「exit()」と入力して Enter キーを押してください。

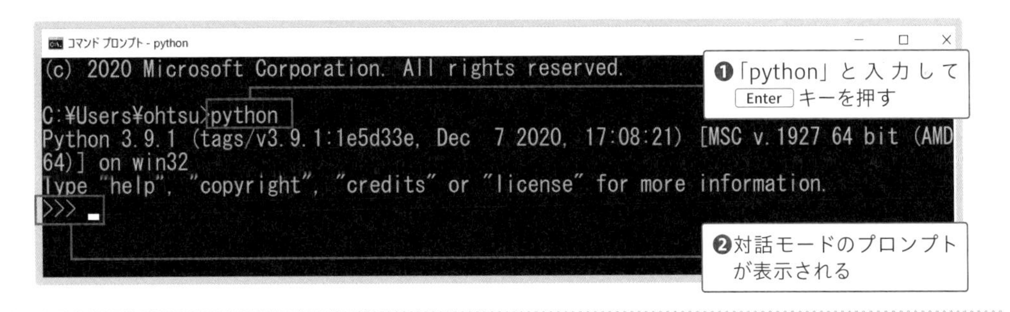

サンプルファイルを開いて実行する

次はプログラムファイル（ソースコード）を実行してみましょう。本書のサンプル（P.10参照）を1つ開いて実行してみます。適当な場所にファイルを展開してください。

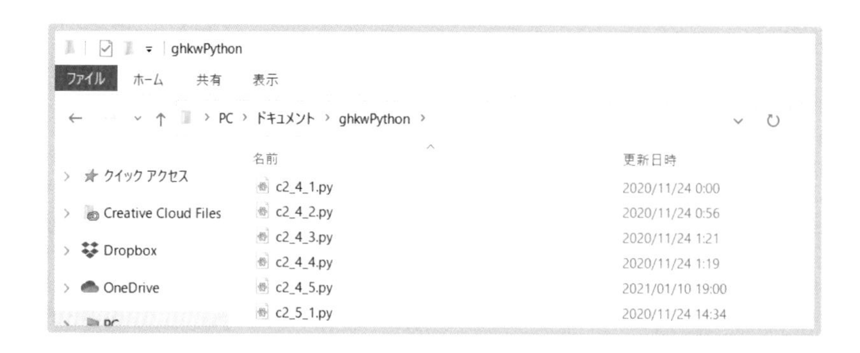

「.py」という拡張子が付いたテキストファイルがPythonのプログラムファイルです。これをIDLEで開くと実行できます。

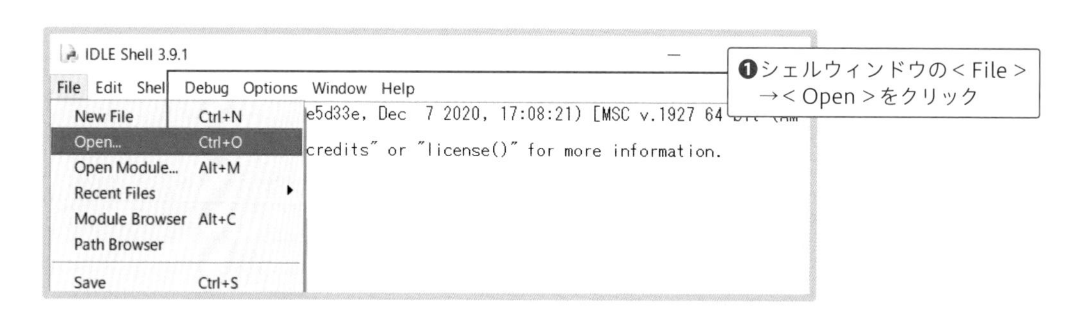

エディタウィンドウが開き、プログラムファイルが表示されます。これを実行すると、シェルウィンドウに結果が表示されます。

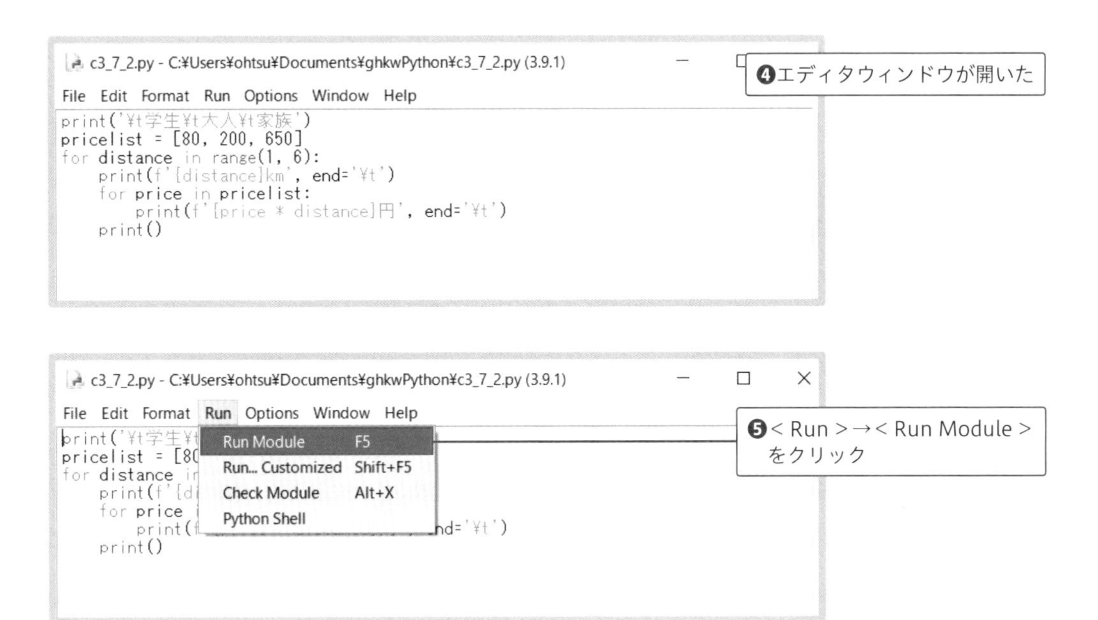

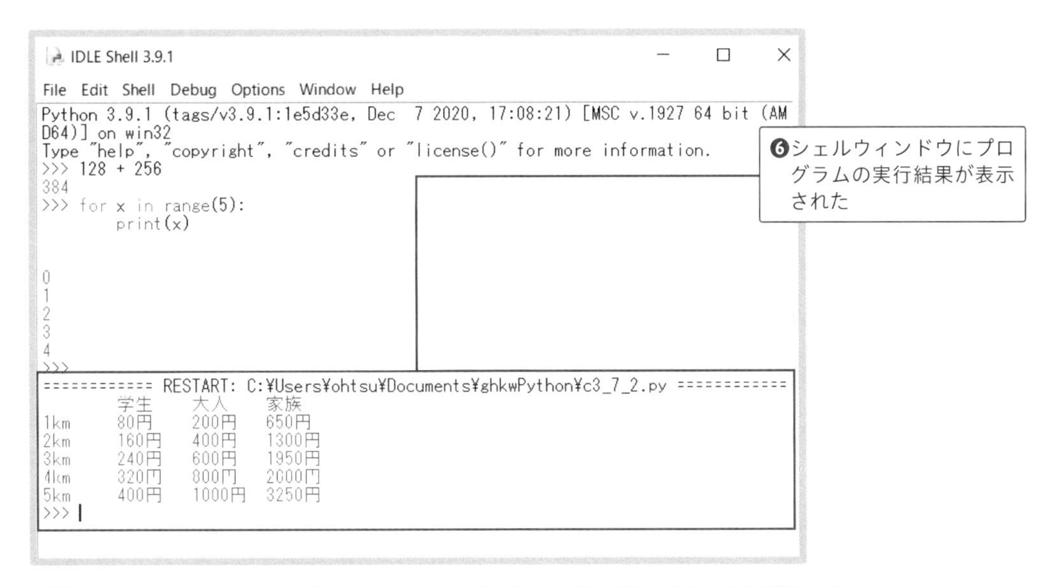

エディタウィンドウは複数開くこともできるよ。でも、プログラムの結果は常にシェルウィンドウに表示されるんだ

コマンドプロンプトやターミナルでプログラムを実行する

IDLEを使わずにPythonのプログラムを実行するには、「python ファイル名」と入力します。macOSでは「python3 ファイル名」と入力してください。また、WindowsのPythonランチャー（P.23参照）を使う場合は「py ファイル名」と入力します。

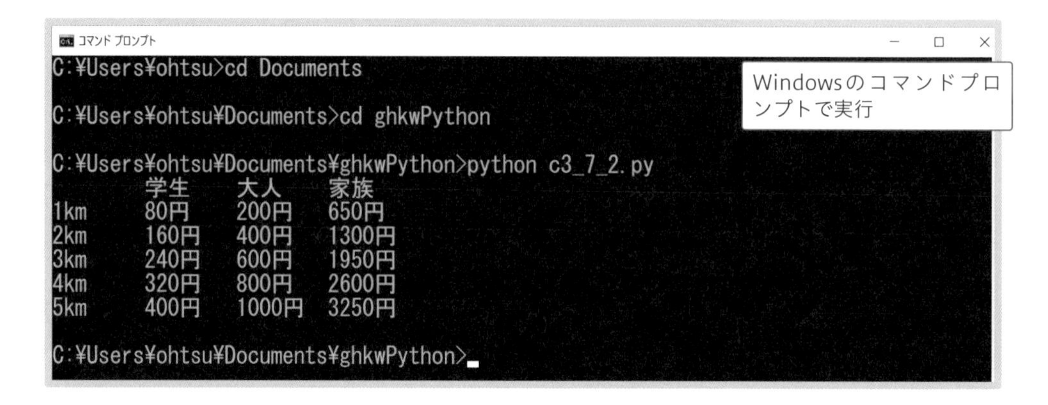

まとめ

- Pythonは学習しやすさ、汎用性の高さなどのメリットがあり、データ分析、機械学習が得意
- Pythonのインストール方法は、公式サイトで配布しているインストーラや、Anacondaなどがある
- 開発ツールには、Pythonに付属するIDLEや、Visual Studio Codeなどのプログラミング用エディタ、Jupyter Notebookなどがある
- プログラムの実行方法には、1文ずつ入力して実行する「対話モード」と、プログラムファイル（ソースコード）を読み込んで実行する方法がある
- Pythonのプログラムファイルの拡張子は「.py」

Chapter 2

Pythonの基本を身につけよう

1
Section

プログラムは「データと命令」でできている

プログラムは「データ」と「命令」からできているの。このChapterでは基本的なデータを中心に説明していくよ

プログラムは「命令の集まり」ってイメージがあるけど、データから説明するんだ

例えば、「計算するプログラム」とか「表示するプログラム」を作るとするじゃない。そのときに「計算に使う数値」や「表示したい文字」がないと、何もできないよね

なるほど、炊飯器だけあってもお米がないとご飯は炊けないってことね！

データ（値）の種類――文字列、数値、などなど……

ひとことでデータといっても、文字もあれば数値もある。一緒くたには扱えないの

プログラムで扱うデータ（値とも呼ぶ）には画像や音声もありますが、このChapterで扱うのは**文字や数値**などの基本的なものです。また、1つの数値や1つの文字などの単純なデータの他に、**複数のデータをまとめて扱うデータ構造**も非常によく使われます。このデータ構造は繰り返し処理（Chapter 3で解説）との組み合わせで力を発揮するもので、プログラムの効率化に欠かせません。

このようなデータの種類のことを**「型（データ型）」**といいます。プログラムを書くときは、自分が使っている型を意識することが必要です。

命令の種類――演算子、関数、メソッド

データ中心に説明するといっても、命令も少しは必要。このChapterでは命令の基本的な使い方も説明するよ

Pythonの「命令」にあたるものには、**演算子**、**関数**、**メソッド**などがあります。次のChapter 3以降にもさまざまな命令が登場しますが、基本的な使い方は共通しています。ここではそれらの基本的な使い方を覚えていきましょう。

要するに、ここでやるのは全部基本の話ってことね

基本なくして応用なしよ。まぁ、あまり身構えずに一緒に体験していきましょう

2 Section 電卓のように計算してみよう

まずはPythonの対話モードで計算してみようか

計算っていきなり難しそうな感じ……

そんなことないよ。むしろ一番簡単だよ

対話モードで「値」を入力する

IDLEを起動してデータを入力してみましょう。プログラム内で扱うデータは、**値**と呼ぶことが多いので、以降は「値」とします。まずは**数値**です。何でもいいので、半角の数字だけを入力して Enter キーを押してみてください。原則的にプログラムは**半角英数で入力してください。**

対話モード

```
>>> 128 ············128と入力
128
```

このような小数点を含まない数値のことを**整数（int型の値）**といいます。

次は小数点を含む数値を入力してみましょう。数字の途中に「.（ピリオド）」を入れてください。このような数値のことを**浮動小数点数（float型の値）**ともいいます。

対話モード

```
>>> 45.3 ············45.3と入力
45.3
```

今度は**文字列（str型の値）**を入力しましょう。文字列とは、文字が集まってできた値のことです。前後を「'（シングルクォート）」か「"（ダブルクォート）」で囲むと文字列になります。

対話モード

```
>>> 'Hello' ………… 'Hello'と入力
'Hello'
```

ヤマビコみたいに入力したものと同じものが表示されるってこと？　うーん、だから何なの？

同じものが表示されるとは限らないんだな。最後にデタラメなものを入力してみよう

最後にデタラメに入力してみましょう。何を入力してもいいですが、アルファベットや数字、記号が意味を持たないようデタラメに入力してみてください。

```
IDLE Shell 3.9.1
File Edit Shell Debug Options Window Help
Python 3.9.1 (tags/v3.9.1:1e5d33e, Dec  7 2020, 17:08:21) [MSC v.1927 64 bit (AM
D64)] on win32
Type "help", "copyright", "credits" or "license()" for more information.
>>> 128
128
>>> 45.3
45.3
>>> 'Hello'
'Hello'
>>> dwkaocok!0da92jfizm$#
SyntaxError: invalid syntax
>>>
```

デタラメな値を入力

エラー（Error）が表示されますね。入力した内容によっては違うメッセージが表示されることもありますが、どちらにしてもエラーです。

```
>>> dwkaocok!0da92jfizm$#
SyntaxError: invalid syntax
>>> dwoakq@xkjfioa
Traceback (most recent call last):
  File "<pyshell#4>", line 1, in <module>
    dwoakq@xkjfioa
NameError: name 'dwoakq' is not defined
```

違うパターンのデタラメな値を入力

つまり、数値や文字列のようにPythonにとって意味のあるものを入力したら、理解して処理結果が表示される。意味がないものが入力されたらエラーになるってわけ

足し算と引き算

それじゃ、次は計算をやってみましょう。学校で習う計算式とよく似ているよ

「+ (プラス)」という記号を使うと足し算、**「- (マイナス)」**という記号を使うと引き算ができます。「数値 + 数値」や「数値 − 数値」となるように入力してください。

対話モード

```
>>> 100 + 23 ············100 + 23と入力
123
>>> 100 - 23 ············100 - 23と入力
77
```

「+」や「-」は左右にある数値を使って計算しろっていう命令なの。こういう記号を演算子っていうの

えんざんこ？　変な名前だね

「えんざんこ」じゃなくて、「えんざんし」。英語でいうとoperator（オペレーター）

掛け算と割り算

次は掛け算と割り算です。掛け算をするときは**「* (アスタリスク)」**、割り算をするときは**「/ (スラッシュ)」**という演算子を使います。

対話モード

```
>>> 100 * 2 ··········100 * 2と入力
200
>>> 100 / 2 ··········100 / 2と入力
50.0
```

計算の仕方は簡単だけど、何で「×」と「÷」じゃないの？

理由は私も知らないけど、半角文字の記号には「×」や「÷」がないの。だから代わりに「*」と「/」を使っていると考えて

長い式を入力する

値と演算子を組み合わせたものを「式」といいます。複数の演算子と値を組み合わせて長い式を書くこともできます。

対話モード

```
>>> 40 + 5 - 8
37
```

40に5を足すと45。45から8を引いたら37。うん、あってるね

「+」と「-」だけの式なら電卓と同じ結果になるけど、「*」と「/」が入るときは少し注意が必要よ

対話モード

```
>>> 10 + 5 * 4
30
```

10足す5は15。15掛ける4は……60 ？　あれれ？

電卓アプリとかと違って、Pythonの式は「*」と「/」を優先するの。だから5 * 4が先

先に5掛ける4で20。それを10に足すから30か。

「*」や「/」が複数ある式の場合は、左にあるものから順番に処理されます。

対話モード

```
>>> 2 * 4 + 3 * 5 …………8+15という計算になる
23
```

先に2掛ける4と、3掛ける5を計算して、答えの8と15を足して23ね

どうしても足し算や引き算を先にしたい場合は、その部分を「()（カッコ）」で囲みましょう。カッコ内が優先されるので、先に計算されます。

対話モード

```
>>> 2 * (4 + 3) * 5 …………2×7×5という計算になる
70
```

基本的には学校で習う計算式と同じルールだから、すぐに慣れるよ

演算子には優先順位があり、優先順位が高いものから先に処理されます。優先順位が同じであれば、左から登場順に処理されます。次の表は演算子などの記号の優先順位をまとめたものです。「*」と「/」は優先順位6、「+」と「-」は優先順位7なので、「*」と「/」が先に処理されるとわかります。

●計算などに使う記号の優先順位

順位	記号	働き
1	(式)、[式]、{式}	式の優先順位アップや、リスト、タプルのためのカッコ類
2	関数(引数)、オブジェクト.メソッド、リスト[添え字]	関数やメソッドの呼び出しに使う記号や、リストやタプルなどの要素を参照する記号
4	**	べき乗
5	+○○、-○○	正数、負数
6	*、@、/、//、%	掛け算、行列計算、割り算、切り捨て割り算、余り
7	+、-	足し算、引き算
8～18	条件などに使う比較演算子や論理演算子など（Chapter 3以降で解説）	

※正確にいうと、この表には演算子だけでなく、デリミタ（区切り文字）に分類される記号なども入っています。式に使われる記号の処理順を示したものと考えてください。

何か途中がところどころ抜けている表だね

記号類は計算用以外にもたくさんあるんだけど、多すぎて混乱するからChapter 2で出てくるものだけをまとめたよ

記号類の優先順位をひと通り知りたい場合は、**Pythonドキュメント**の表を参照してください。Pythonドキュメントは公式サイト内にある解説ページで、Pythonや標準ライブラリについて詳しく説明しています。本書では必要に応じてPythonドキュメントを参照しています。

● 6.17. 演算子の優先順位（Pythonドキュメント）
https://docs.python.org/ja/3/reference/expressions.html#operator-precedence

3 Section ちょっと変わった計算用演算子

さっきは足し算、掛け算などを行う演算子を紹介したけど、他にもちょっと変わった計算を行う演算子があるよ

変わった計算？　何だろう……？

例えば、割り算の余りを求める演算子とか

切り捨て割り算とその余り

「/ (スラッシュ)」で割り算した場合、結果は浮動小数点数になります。整数の結果がほしい場合は、**「// (スラッシュ2個)」**を使います。

対話モード

```
>>> 224 / 100
2.24
>>> 224 // 100
2
```

うーん、割り算の答えとしてはどっちでもいいよね？

例えば自動販売機の中では計算するプログラムが動いているわけだけど、100円玉が何枚必要かを調べるときに「2.24枚」って答えじゃ困るでしょ

あ、そっか！ うーん、でも100円玉2枚いるってわかったとして、余った分はどうしたらいいの？

割り算の余りを求めたいときは、**「% (パーセント)」**を使います。

対話モード

```
>>> 224 % 100
24
```

割り算の余りは「224 - 224 // 100 * 100」という式でも求められるけど、こっちのほうが短くていいよね

べき乗を求める

「 (アスタリスク2個)」**を使うと、べき乗を求めることができます。次の例は2の3乗を求めています。

対話モード

```
>>> 2 ** 3
8
```

へー。べき乗の逆をしたいときはどうするの？ 平方根みたいなの

「8 ** (1 / 3)」(8の三乗根) とか「2 ** (1 / 2)」(2の平方根) って書けばいいよ。なぜこれで解けるのかは自分で調べてみてね。Pythonじゃなくて数学の問題だよ

print「関数」という命令を使ってみよう

次はprint関数（プリントかんすう）っていう命令の使い方を教えるね

「プリント」っていうからには印刷する命令かな？

大昔はディスプレイがなかったので紙に印刷していたらしいけど、Pythonでは画面にデータを表示する命令だよ。print関数を例に「関数の使い方」を勉強しよう

print関数を使う意味

print関数を使うには、「print」のあとに半角のカッコを書き、カッコの間に値や式を書きます。

対話モード

```
>>> print('hello')
hello
```

ん？　'hello'だけ書いたときと同じ結果だよね？

対話モードではprint関数を使わなくても結果が表示できるから、意味わからないよね。でも、複数行のプログラムを書いて実行するときは、print関数が必要なの

対話モードは1文ごとに式や値の結果を表示するので、print関数を使う必要はありません。しかし、プログラムをファイルに書いて実行する場合は、print関数を使わないと結果が表示されません。実際に試してみましょう。

新規ファイルを作成して、次のプログラムを入力してください。

c2_4_1.py

```
001  'hello no-print' …………文字列のみを書く
002  print('hello') …………print関数を使う
```

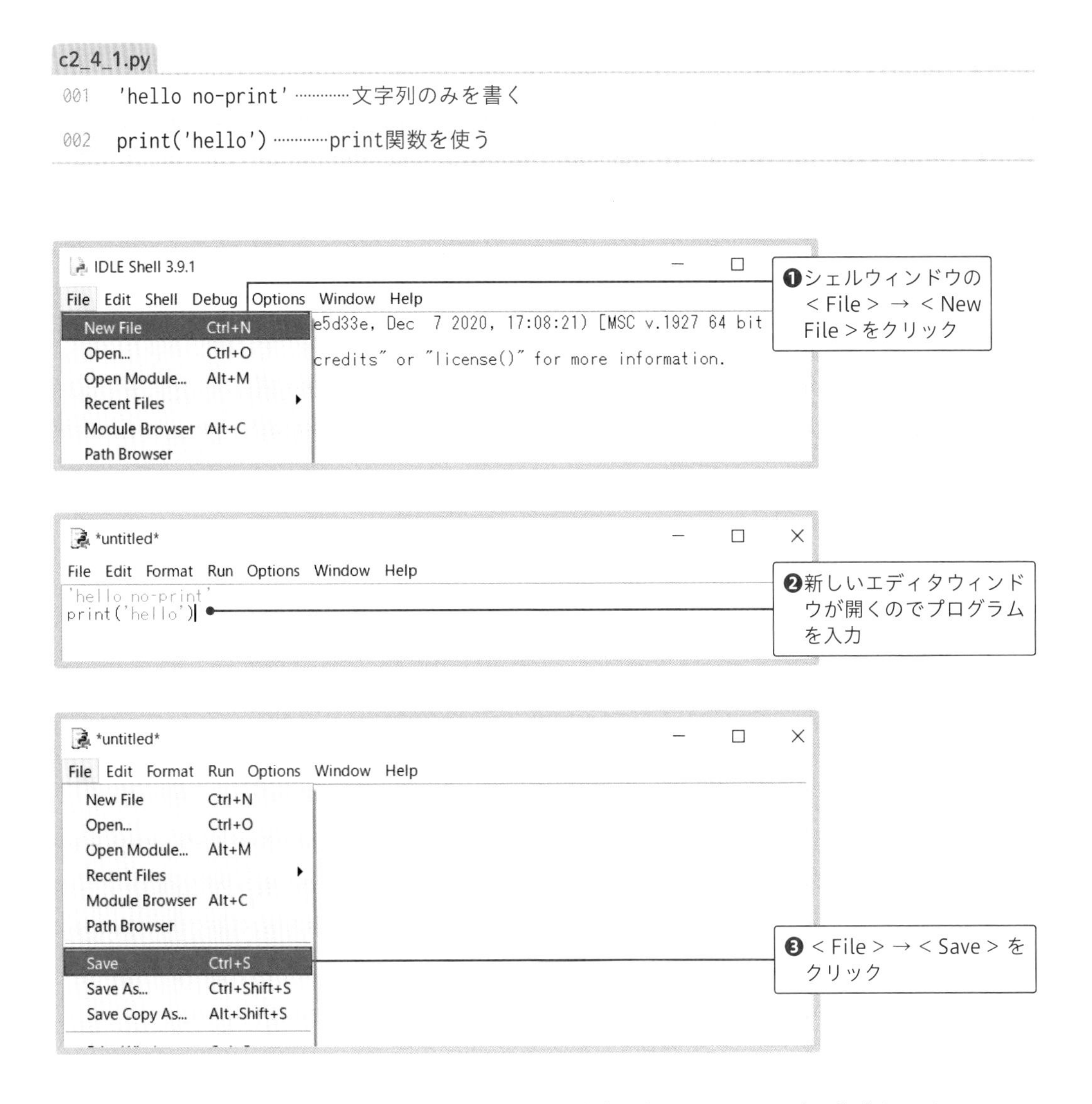

保存していないファイルは実行できないので、適当な場所にフォルダを作成し、そこにファイルを保存してください。ここでは「ghkwPython」フォルダに「c2_4_1.py」という名前のファイルを保存します。

ファイルの新規作成、保存、実行は繰り返し行うので、メニューに書いてあるショートカットキー（Ctrl＋Sなど）を使うことをおすすめします。

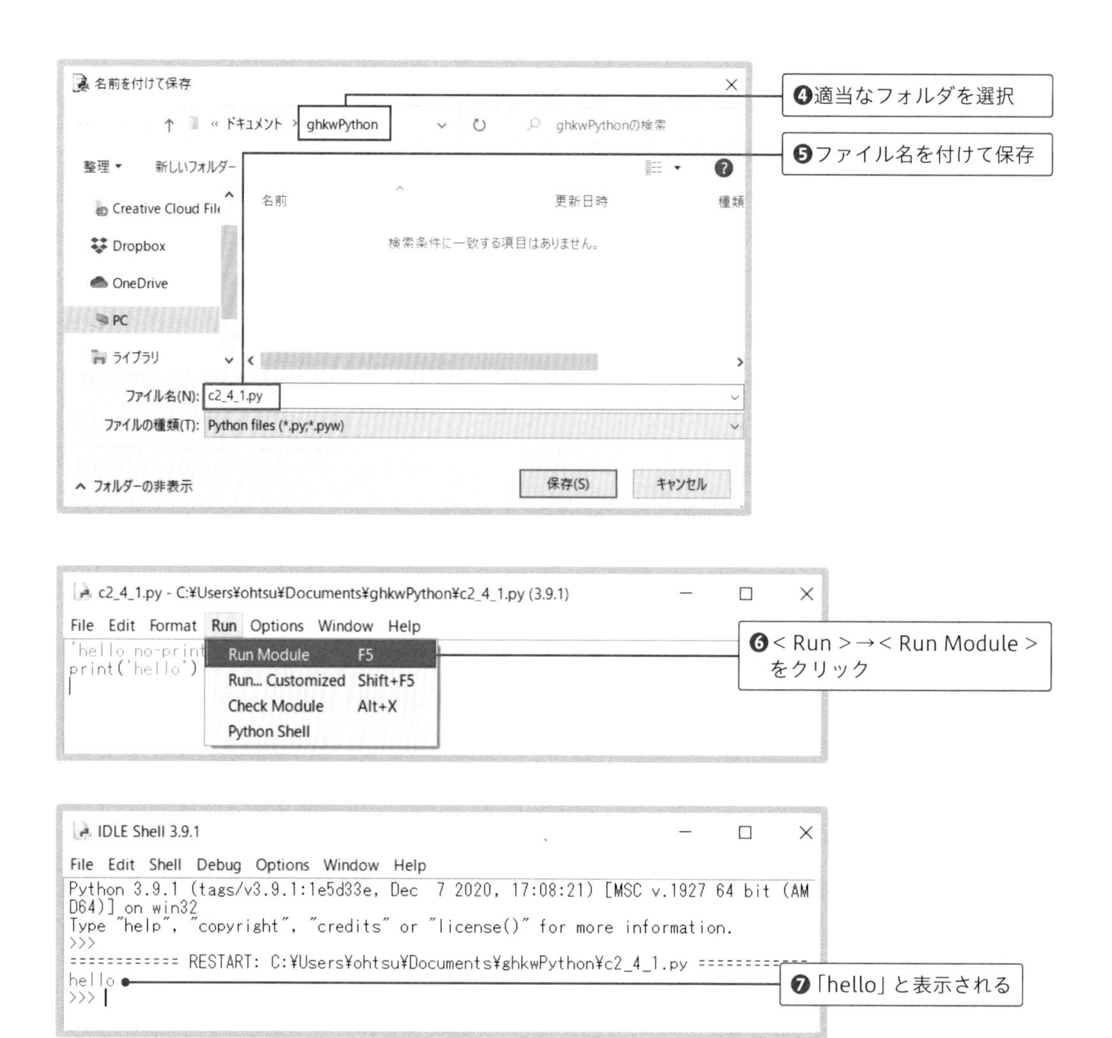

print関数で表示した文字列だけがシェルウィンドウに表示されます。print関数を使っていない'hello no-print'のほうは、Pythonが文字列として理解できるのでエラーにはなりませんが、画面には何の結果も残しません。

なるほど、対話モードじゃないときは値を表示させるのにprint関数を使わないといけないんだ

そういうこと。ただ、print関数にはいろんな機能があるから、対話モードで使う意味がないわけじゃないよ。次はprint関数のいろいろな使い方を見ていこう

複数の値を並べて表示する

関数のカッコ内に書く値のこと、つまり関数が仕事をするための材料として渡す値のことを**引数（ひきすう）**といいます。print関数は「,（カンマ）」で区切って複数の引数を渡すことができます。その場合、半角スペース区切りで値を並べて表示します。

c2_4_2.py

```
001  print('Number', 'is', 15)
```

実行結果

```
Number is 15
```

引数には式を書くこともできます。その場合は計算結果が表示されます。

c2_4_3.py

```
001  print('Number', 'is', 3 * 5)
```

実行結果

```
Number is 15
```

引数の数は関数の種類によって異なります。print関数の場合は、引数を制限なくいくつでも指定できます。このタイプの引数を**可変長引数**と呼びます。

Pythonにはprint関数以外にもさまざまな関数があり、すべての関数が可変長引数を受け取れるわけではありません。引数の数が決められた個数より多かったり少なかったりすると、エラーになることがあります。

キーワード引数で表示方法を変える

print関数には、区切り文字を指定する引数sep（separatorの略）や、行末に表示する文字を指定する引数endがあります。これらは「sep=値」「end=値」のように引数の名前付きで指定するため、**キーワード引数**と呼びます。

次のプログラムは引数sepの利用例です。デフォルト（未指定時）の半角スペースの代わりに、値の区切りを「/」にしています。

c2_4_4.py

```
001 print('Number', 'is', 15, sep='/')
```

実行結果

```
Number/is/15
```

引数endは行末に表示する文字を指定できます。デフォルトは改行文字（\n）ですが、引数endを改行文字以外に変更すると、print関数のあとで改行されなくなります。

c2_4_5.py

```
001 print('Number', end='? ') ………… '? 'を行末に使う
002 print('is', end='? ')
003 print('15') ………… ここだけデフォルトの改行を使う
```

実行結果

```
Number? is? 15
```

引数endの例では、print関数を3つも使ってるけど、print('Number', 'is', 15, sep='?')でも同じことできるよね？

いいところに気付いたね。まぁ、print関数で改行したくないことって時々あるのよ。そのときまで覚えておいてね

関数、引数、戻り値

Pythonには、print関数以外に70個近い**組み込み関数（最初から使える関数）**が用意されています。

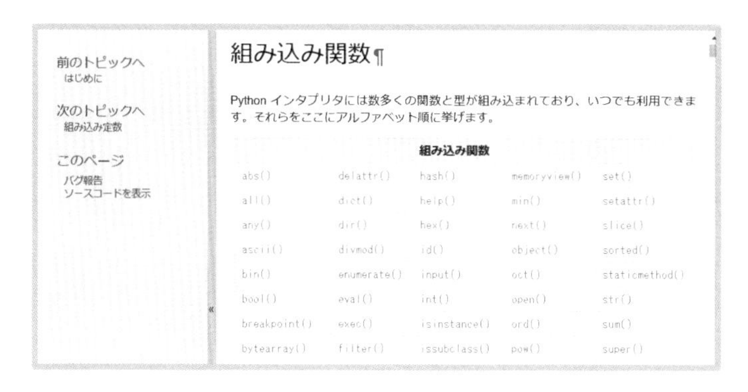

- 組み込み関数の一覧
  https://docs.python.org/ja/3/library/functions.html#built-in-functions

関数の中には**戻り値**（返り値とも）という「結果の値」を返すものもあり、戻り値を返す関数は式の中に入れたり、他の関数の引数にしたりすることができます。

関数を式の中で使う

```
>>> len('hello') * 2 ……………文字数を調べるlen関数の戻り値を2倍する
10
```

関数を他の関数の引数にする

```
>>> print(len('hello')) ……………len関数の戻り値をprint関数の引数にする
5
```

関数は自由に作ることができるから、組み込み関数の70個どころか無限に近い種類があるの。でも、引数と戻り値っていう基本ルールは共通だから、それさえ知っていれば、どの関数でも使うことができるよ

5
Section

何度も使う値は「変数」に入れよう

次は「変数」。値を一時的に記憶するしくみだよ

一時的に記憶してどうするの？

計算結果とかを記憶できるから、行をまたいだ処理ができるようになる。プログラムには絶対欠かせないよ

変数を使うメリット

変数は**値を記憶する入れ物**となるものです。プログラム内のある行で計算した結果を他の行で使いたい場合、いったん変数に記憶してそれを参照します。その結果、複数の行をまたいで連携した処理ができるようになります。

3教科の点数の合計と平均を求める

変数を使わない場合

```
print(90 + 80 + 70)
print((90 + 80 + 70) / 3)
```

print(90 + 80 + 70)……合計
print((90 + 80 + 70) / 3)…平均

計算結果を他の行に持ち越せないので同じ計算を2回している

変数を使った場合

```
math = 90
english = 80
science = 70
total = math + english + science
average = total / 3
print(total, average)
```

math = 90 / english = 80 / science = 70 …3教科の点数を変数に記憶

同じ計算をしなくて済む

total = math + english + science……合計を変数に記憶
average = total / 3……合計から平均を求めて変数に記憶
print(total, average)……結果を表示

合計と平均の計算をしていることがわかりやすい

変数の使い方

変数を作るには、変数の名前を決めて「=（イコール）」で値を記憶します。変数に値を記憶することを**代入**といい、その文を**代入文**と呼びます。IDLEで新規ファイルを作って試してみましょう。

c2_5_1.py

```
001 math = 90
002 english = 80
003 science = 70
```

変数にデータを記憶しただけだと、実行しても何も表示されません。print関数を追加して表示してみましょう。関数の引数として、変数を指定します。

c2_5_1.py（追記する）

```
001 math = 90
002 english = 80
003 science = 70
004 print(math, english, science) ············変数math、english、scienceに代入した値を表示
```

実行結果

```
90 80 70
```

計算式の中で変数を使うこともできます。3つの変数の合計を足し算で求め、さらにそれを3で割って平均も求めてみましょう。

c2_5_2.py

```
001 math = 90
002 english = 80
003 science = 70
004 total = math + english + science ············3つの変数の値を足して合計を求め、totalに代入
005 average = total / 3 ············合計を平均の個数3で割って平均を求め、averageに代入
006 print(total, average)
```

実行結果

```
240 80.0
```

つまり、変数は値の代わりに使えるってこと

ところで、変数に代入した値はどこに記憶されるの？　パソコンのハードディスクとかUSBメモリとか？

そういうずっと記憶されるものじゃないの。プログラムの実行中だけメインメモリという部品の中に記憶されて、プログラムが終了すると消えちゃう

え、ほんとに一時的にしか記憶してないんだ！　それで困らないのかな？

困るときは、値をファイルなどに保存するの。ファイルの読み書きについてはChapter 4で説明するよ

変数の命名ルール

変数の名前は自由に指定できますが、命名ルールが決められています。例えば、演算子の記号は演算子としての意味があるので変数名には使えません。また、読みやすさのために決められた慣習的なルールもあります。

1. **半角文字では、A～Z／a～z（アルファベット）、_（アンダースコア）、0～9（数字。ただし先頭には使えない）の組み合わせが使える**
2. **全角文字では、Ａ～Ｚ／ａ～ｚ（アルファベット）、ひらがな／カタカナ／漢字、＿（アンダースコア）、０～９（数字。ただし先頭には使えない）の組み合わせが使える**
3. **予約語（Pythonの文法で使用するキーワード）は使えない（名前の一部に使うことは可能）**

慣習的なルールとして、変数名は**アルファベット小文字を使い、長くなる場合は単語間を**

「_（アンダースコア）」でつなぎます。例えば「最新の答えのリスト」を代入する変数であれば、「newest_answer_list」というように名前を付けます。

小文字と「_」を使った命名法は、見た目がヘビに似ているから、スネークケースと呼ぶよ

日本語を使ってもいいんだったら、私は日本語の変数名にしようかな

変数名には日本語を使えるけど、それ以外は全部半角文字にしないといけないから使い分けが面倒なんだよね

```
IDLE Shell 3.9.1
File  Edit  Shell  Debug  Options  Window  Help
Python 3.9.1 (tags/v3.9.1:1e5d33e, Dec  7 2020, 17:08:21) [MSC v.1927 64 bit
D64)] on win32
Type "help", "copyright", "credits" or "license()" for more information.
>>> へんすう　=　１０
SyntaxError: invalid non-printable character U+3000
>>> 
```

変数名に全角を使うのはOKだが、全角スペースを使うとエラーになる

Pythonの予約語（変数名にできないキーワード）

False	await	else	import	pass	None	break	except
in	raise	True	class	finally	is	return	and
continue	for	lambda	try	as	def	from	nonlocal
while	assert	del	global	not	with	async	elif
if	or	yield					

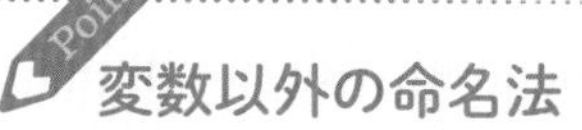

変数以外の命名法

Pythonには変数以外にも名前を付けられるものがあります。使える文字種は同じですが、対象によって慣習的なルールが異なります。定数は何らかの固定値を入れた変数です。クラスについてはChapter 5を参照してください。

- **関数、引数、メソッド：変数と同じくスネークケース（例：get_answer_list()）**
- **定数：大文字とアンダースコアの組み合わせ（例：MAX_LIST）**
- **クラス：単語の先頭を大文字にするキャメルケース（例：AnswerList）**

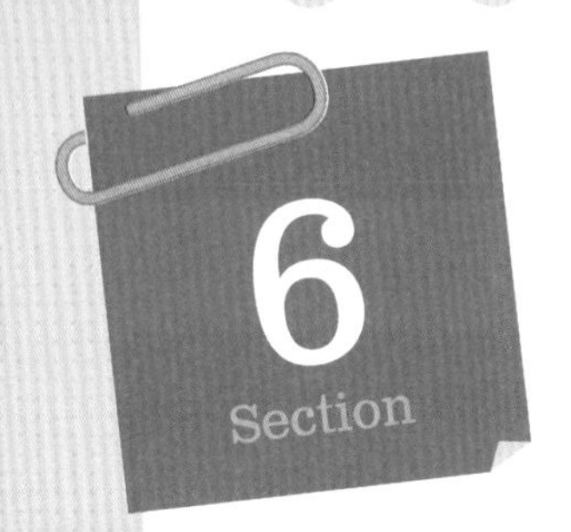

さまざまな種類の文字列

文字列については簡単に説明しているけど、ここであらためて説明するよ

「'」と「"」で囲むと文字列なんだよね。さっきの変数のところで気づいたけど、囲まないとPythonは文字列だと思ってくれないみたいだね

それが基本だね。さらにフォーマット済み文字列とかRAW文字列、改行やタブなどの特殊文字の書き方のルールがあるので、その辺を説明していくよ

「'」と「"」の使い分け

文字列の「'（シングルクォート）」と「"（ダブルクォート）」はどちらを使ってもかまいません。しかし、混在するとプログラムが読みにくくなるので、どちらかに統一するようにしましょう。また、文字列の中にクォートを含めたい場合は、別の種類のクォートで囲みます。

c2_6_1.py

```
001  print('This is "Hello World"!') ………… 文字列にダブルクォートを含める
002  print("It's a World!") ………… シングルクォートをアポストロフィとして使う
```

実行結果

```
This is "Hello World"!
It's a World!
```

文字列の中に変数を差し込む

何かの計算結果を表示するときに「100」と数値だけ表示するよりは、「結果は100点です」のように説明を兼ねた文字列にしたほうがわかりやすいですね。このように計算結果などを文字列に差し込みたい場合は、**フォーマット済み文字列 (formatted string literal)** を使います。f-string (エフストリング) とも呼びます。

フォーマット済み文字列を使うには、クォートの前に「f」を付け、**変数名を「{} (波カッコ)」で囲んで**書きます。フォーマット文字列中で波カッコそのものを書きたい場合は、「{{」「}}」のように二重にしてください。

c2_6_2.py

```
001 total = 320
002 print(f'合計は{total}です。')
```

実行結果

```
合計は320です。
```

フォーマット済み文字列では、数値の桁ぞろえも指定できるよ

数値の書式を指定するには、波カッコ内に「: (コロン)」を入れて、書式指定子を書きます。次の例では、よく使う「全体の桁数」「0埋め」「小数点以下の桁数」を指定しています。

c2_6_3.py

```
001 total = 320
002 print(f'合計は{total:7}です。')       ……7文字でそろえる (数値は右ぞろえ)
003 print(f'合計は{total:07}です。')      ……0で埋めて7文字
004 print(f'合計は{total:<7}です。')      ……7文字で左ぞろえに
005 print(f'合計は{total:.3f}です。')     ……小数点以下3桁
006 print(f'合計は{total:7.2f}です。')    ……7文字で小数点以下2桁
007 print(f'合計は{total:07.1f}です。')   ……0で埋めて7文字、小数点以下1桁
008 print(f'合計は{total:+07}です。')     ……符号を付け、0で埋めて7文字
```

実行結果

```
合計は    320です。 ……………7文字でそろえる(数値は右ぞろえ)
合計は0000320です。 ……………0で埋めて7文字
合計は320    です。 ……………7文字で左ぞろえに
合計は320.000です。 ……………小数点以下3桁
合計は 320.00です。 ……………7文字で小数点以下2桁
合計は00320.0です。 ……………0で埋めて7文字、小数点以下1桁
合計は+000320です。 ……………符号を付け、0で埋めて7文字
```

このサンプルで使用した書式指定子は次のとおりです。

●例で使用した書式指定子

書式指定子	意味
数字	全体の桁数
<	左ぞろえにする。代わりに>を指定すると右ぞろえ、^を指定すると中央ぞろえ
f	浮動小数点数として表示
.数字f	小数点以下の桁数を指定
0数字	0で埋めて、指定した桁数にする
+	正負の符号を常に表示。代わりに-を指定すると負のときのみ表示(デフォルト)。半角スペースを指定すると、正のときは半角空ける

微妙にややこしくて覚えられない～～

まぁ、無理に覚えなくても、必要になったらこのページを見返したらいいよ

その他にもさまざまな書式指定子があります。詳しく知りたい方は公式ドキュメントを参照してください。

- **書式指定文字列の文法**
  https://docs.python.org/ja/3/library/string.html#format-string-syntax

- **strftime()とstrptime()の書式コード(日付の書式指定子)**
  https://docs.python.org/ja/3/library/datetime.html#strftime-and-strptime-format-codes

特殊文字を指定するエスケープシーケンス

通常の方法では文字列に含められない文字に、改行やタブ、クォートそのものなどがあります。このような特殊文字を文字列に含めるには、**エスケープシーケンス**を使用します。エスケープ文字の「\（バックスラッシュ）」に続けてアルファベットや記号を書きます。

●主なエスケープシーケンス

エスケープシーケンス	働き
\\	バックスラッシュ自体を書く
\'	シングルクォート
\"	ダブルクォート
\n	改行
\r	改行
\t	タブ

改行文字の\nは特によく使うので、例を試しておこう

c2_6_4.py

```
001  print('Big\nBigger\nBiggest')
```

実行結果

```
Big
Bigger
Biggest
```

Windowsでは、「\（バックスラッシュ）」と「¥（円マーク）」の文字コードが同じなので、使っているテキストエディタによっては「¥」で表示されることがあるよ。キーボードの刻印も「¥」になっているので、\を入力したいときは¥を押すと覚えよう。注意してね

正規表現で使うRAW文字列

少し高度なテキスト処理では、パターンマッチのために正規表現を使います（Chapter 4参照）。正規表現ではパターンの指定にバックスラッシュを使用するため、通常の文字列だと、バックスラッシュを意味する「\\」をたくさん書かなければいけません。その場合に役立つのが**RAW（ロウ）文字列**です。RAW文字列の中では、バックスラッシュがただの文字になるので、正規表現を指定するときに「\\」と書かずに済みます。

正規表現はChapter 4で解説するから、今回はサンプルなし

複数行書ける三重クォート文字列

さぁ、いよいよ文字列シリーズも最後だよ！　プログラムの中に長い文章が書ける三重クォート文字列だ

プログラムの中に長い文章を書きたいことってあるの？

例えば、Webページのテキストを自動生成するサーバープログラムとか、メールの文面を自動生成するプログラムとか、いろいろあるよ

三重クォート文字列は、名前のとおり「'」か「"」を3つ並べて書きます。改行や行頭の字下げなども反映されるので、プログラム中に長文を書くのに適しています。次の例では、三重クォート文字列を変数に入れ、それをprint関数で表示しています。

c2_6_5.py

```
001 mailtext = '''はじめまして。
002 私、〇〇社の××と申します。
```

```
003 この度はぜひ御社のお手伝いをさせていただきたいとご連絡いたしました。
004 最新のディープラーニングによる導線予測により
005 従来比180%の効果増を見込めます。
006 ぜひ、一度お打ち合わせさせていただけると幸いです。'''
007 print(mailtext)
```

実行結果

```
はじめまして。
私、○○社の××と申します。
この度はぜひ御社のお手伝いをさせていただきたいとご連絡いたしました。
最新のディープラーニングによる導線予測により
従来比180%の効果増を見込めます。
ぜひ、一度お打ち合わせさせていただけると幸いです。
```

三重クォート文字列の前に「f」を付けると、フォーマット済み文字列として変数を差し込むこともできます。メール文例の例でいえば、社名や担当者名を差し込むと便利です。

いろいろな文字列が登場したけど、通常の文字列とフォーマット済み文字列は特によく使うので、この2つだけでも覚えておこう

コメント

文字列同様に日本語が自由に使えるものに、**コメント**があります。コメントは、プログラム中に注釈を入れるためのもので、実行時には無視されます。コメントを書くには、「#(シャープ)」を使います。#から行末の改行までがコメントとなります。

コメントの例

```
# コメントはメモを残すために使う
print('text')   # 行末の改行までコメント
```

7 Section 文字列の演算と型変換

今回は演算子を使って文字列を処理する方法を説明するよ

なんかイメージわかないな。文字列を足したり引いたりするの？

引いたり割ったりすることはできないけど、足したり掛けたりすることはできるよ

＋演算子で文字列を連結する

＋演算子の左右が数値の場合は足し算を行いますが、左右が文字列の場合は連結します。

c2_7_1.py

```
001 sei = 'Yamada'
002 mei = 'Tarou'
003 keisyou = '-san'
004 print(sei + mei + keisyou)
```

実行結果

```
YamadaTarou-san
```

つまり、左右にある値の種類によって、＋演算子の働きが変わるってことね

前に習ったフォーマット済み文字列でも同じことができるよね？　どう使い分けたらいいの？

一気に連結するならフォーマット済み文字列のほうがわかりやすいね。ただ、文字列を少しずつ連結したいときは+演算子を使うこともあるよ

プログラムの都合で、文字列を少しずつ連結したいこともあります。例えば、繰り返し処理の中で連結する場合などで、その場合は+演算子が役に立ちます。

次の例では+演算子の代わりに**「+= (プラスとイコール)」**を使用して連結しています。+=を使うと、「変数 = 変数 + 値」を「変数 += 値」のように短く書くことができます。

c2_7_2.py

```
001  name = 'Yamada' ············変数nameに'Yamada'を代入
002  name += 'Tarou' ············変数nameに'Tarou'を連結
003  name += '-san' ············変数nameに'-san'を連結
004  print(name)
```

実行結果

```
YamadaTarou-san
```

+=を使った文を「累算（るいさん）代入文」といって、数値同士の計算では-=や、/=も使えるよ

*演算子で文字列を繰り返す

*演算子は、一方が文字列でもう一方が数値（整数）の場合、繰り返した文字列を生成します。次の例は左が文字列、右が数値ですが、左右を逆にして「数値 * 文字列」としてもかまいません。

c2_7_3.py

```
001  print('しと' * 10 + '雨が降る')
```

実行結果

```
しとしとしとしとしとしとしとしとしとしと雨が降る
```

これちょっと面白いね。いい使い道を考えてあげたいな

数値と文字列を連結するには

＋演算子は左右が文字列のときだけ連結するため、数値と文字列を連結することはできません。種類が異なる値を連結しようとすると、TypeErrorが発生します。

c2_7_4.py

```
001  score = 100
002  print('スコアは' + score)
```

```
IDLE Shell 3.9.1
File Edit Shell Debug Options Window Help
Python 3.9.1 (tags/v3.9.1:1e5d33e, Dec  7 2020, 17:08:21) [MSC v.1927 64 bit (AM
D64)] on win32
Type "help", "copyright", "credits" or "license()" for more information.
>>>
============ RESTART: C:¥Users¥ohtsu¥Documents¥ghkwPython¥c2_7_4.py ============
Traceback (most recent call last):
  File "C:¥Users¥ohtsu¥Documents¥ghkwPython¥c2_7_4.py", line 2, in <module>
    print('スコアは' + score)
TypeError: can only concatenate str (not "int") to str
>>>
```

TypeErrorは型のエラー。型っていうのは「値の種類」のことで、int型やstr型などの名前が付いているの

数値と文字列を連結するためには、**str関数**を使って数値をstr型（文字列）に変換し、文字列同士で連結します。str関数はPythonの組み込み関数の1つです。なお、値の種類（型）を知りたいときは、引数に値を入れてtype関数を実行すると型が取得できます。

c2_7_5.py

```
001 score = 100
002 print('スコアは' + str(score))
```

実行結果

```
スコアは100
```

うーん、エラーは出なくなったけど、str関数とかstr型とか、いろいろややこしいね

すべての値には型があるの。文字列はstr型、数値はint型やfloat型。型を意識してプログラムを書かないと、思ったとおりに動かないことがあるよ

「型」を意識しよう

「2 + 2」と「'2' + '2'」という式は似ていますが、意味と結果は大きく異なります。「2 + 2」は数値（int型）の足し算なので結果は4です。「'2' + '2'」は文字列（str型）の連結なので結果は「'22'」になります。これが数値と文字列が混在した「2 + '2'」だと、どちらの計算をすればいいのかPythonは理解できなくなってしまいます。そのために型を変換する必要があるのです。

● Pythonの代表的な型

型	意味
int型	整数（小数点以下を含まない数値）
float型	浮動小数点数（小数点以下を含む数値）
str型	文字列
list型	リスト。複数の値をまとめる型の一種（P.62参照）
tupple型	タプル。複数の値をまとめる型の一種（P.66参照）
dict型	辞書。複数の値をまとめる型の一種（P.68参照）

ちなみに、整数（int）と浮動小数点数（float）は型が異なっていても、変換なしで計算可能だよ

8 Section 複数の値をリストに入れる

次は複数の値をまとめるリストだよ。値の集まりを処理したいときに使う型だよ

リストも型っていうことは値なの？

そう、値が入れられる値ってことだね。棚みたいなものをイメージするといいかな

リストを作成する

Pythonには複数の値をまとめて管理するための型がいくつかありますが、そのうちの1つがリスト（list）です。

リストを作成するには、全体を「[ ]（角カッコ）」で囲み、その中に「,（カンマ）」で区切って値を並べます。そして、作成したリストを変数に代入します。

リストの書式

[値, 値, 値……]

値、リスト、変数の関係を表したものが次の図です。

```
pets = ['Dog', 'Cat', 'Pig', 'Rat', 'Horse']
```

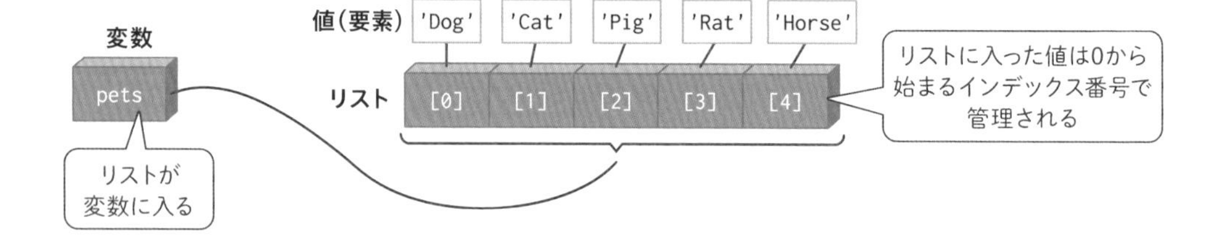

リスト内の個々の値のことを**要素**と呼び、**インデックス**という番号で管理します。実際にリストを作成してみましょう。

c2_8_1.py

```
001  pets = ['Dog', 'Cat', 'Pig', 'Rat', 'Horse']
002  print(pets)
```

実行結果

```
['Dog', 'Cat', 'Pig', 'Rat', 'Horse']
```

なるほど1つの値にまとまったね。何に使うの？

リストにまとめると一括して処理しやすくなるの。バラバラの変数に記憶していると、その操作もバラバラに書かないといけなくなるから効率が悪いのよね。あとでまた説明するね

1つの値を参照する、置き換える

リストの中の要素を参照（利用）するには、変数名のあとに「[インデックス番号]」を書きます。

c2_8_2.py

```
001  pets = ['Dog', 'Cat', 'Pig', 'Rat', 'Horse']
002  print(pets[2]) ············pets[2]と指定している
```

実行結果

```
Pig
```

インデックス番号は0からになることに注意してね

先頭から0、1、2、3、4って数えていくから、5つのうち中央の要素が2になるんだね

代入文の＝を使って、要素を置き換えることができます。

c2_8_3.py

```
001 pets = ['Dog', 'Cat', 'Pig', 'Rat', 'Horse']
002 pets[3] = 'Hamster'
003 print(pets)
```

実行結果

```
['Dog', 'Cat', 'Pig', 'Hamster', 'Horse']
```


Rat（大きめのネズミ）がHamster（ハムスター）になった。Ratはあまりペットにしないもんね

リストから指定範囲を取り出す

リストから1つの要素ではなく、範囲をまとめて取り出すこともできます。角カッコの中に「:（コロン）」を入れ、[スタート:ストップ]のように指定します。この範囲指定方法を**スライス**と呼びます。

スライスの書式

[スタート:]……この場合はスタートから最後まで
[:ストップ]……この場合は先頭からストップの1つ前まで
[スタート:ストップ]……この場合はスタートからストップの1つ前まで
[スタート:ストップ:ステップ]……スタートからストップの1つ前までをステップ間隔で

例えば、[1:4]と書くと、[1]、[2]、[3]の3つの要素だけの新しいリストが返されます。

c2_8_4.py

```
001 pets = ['Dog', 'Cat', 'Pig', 'Rat', 'Horse']
002 print(pets[1:4])
```

実行結果

```
['Cat', 'Pig', 'Rat']
```

あれ？　pets[1:4]だから要素1〜4のリストになるんじゃないの？

ストップの1つ前までが取り出されるの。だからpets[1:4]だと、要素1〜3になるんだよ。これは、3つの要素がほしいときにpets[n:n+3]と書けるから案外便利だよ

スライスは、スタート、ストップの他に**ステップ**も指定できます。ステップを指定すると、間隔を空けて抜き出すことができます。

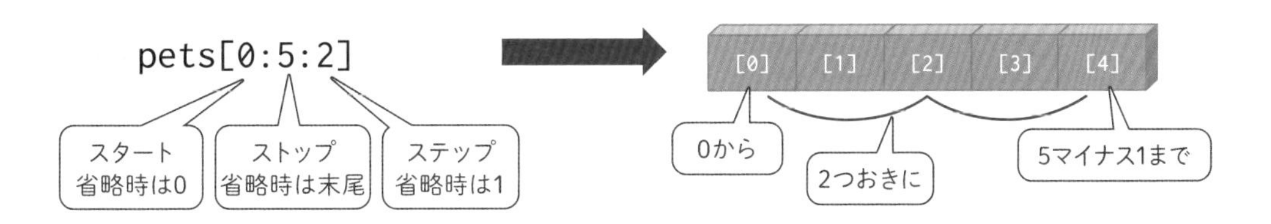

負のインデックスを使う

負のインデックスを指定すると、リストの末尾から数えることができます。例えば「pets[-1]」とした場合、末尾の要素が取り出されます。負のインデックスはスライスで使うこともできます。

c2_8_5.py

```
001  pets = ['Dog', 'Cat', 'Pig', 'Rat', 'Horse']
002  print(pets[-1]) ············末尾の要素を参照する
003  print(pets[-2:]) ············末尾から数えて2番目以降の要素を取り出す
```

実行結果

```
Horse
['Rat', 'Horse']
```

うわ、ちょっとややこしいね。でも便利そう！

9 Section 複数の値をタプルに入れる

今回説明するタプルはリストによく似ているけど、変更不可の型なので、あとから要素を置き換えできないの

わざわざ変更できないようにする意味あるの？

「変更されない、変更してはいけない」という意思を示さないといけないことがあるの。とにかく結構よく使うよ

タプルを作る

タプル（tuple）は作ったあとは要素を変更できない型です。リストは角カッコで囲んで作成しますが、タプルでは**普通のカッコ（丸カッコ）で囲んで作成**します。その他の使い方はリストとほとんど同じで、角カッコで1要素を取り出したり、スライスで範囲指定したりできます。リストでは要素に代入（置き換え）できますが、タプルは変更不可なので要素に代入することはできません。

タプルの書式

（値，値，値……）

c2_9_1.py

```
001 align = ('left', 'center', 'right')
002 print(align) ………… タプル全体を表示
003 print(align[1]) …………1番目の要素を表示
```

実行結果

```
('left', 'center', 'right')
center
```

タプルのカッコは省略可能です。そのため、次のように値をカンマで区切って並べるだけでもタプルになります。

c2_9_2.py

```
001 align = 'left', 'center', 'right'
002 print(align)
003 print(align[1])
```

ただ、この書き方だとタプルかどうかわかりにくいから、なるべくカッコを付けたほうがいいと思うよ

変更できないという制限のせいで、リストだけ使えばいいように思われがちですが、Pythonではいろいろなところでタプルが使われます。

複数代入とタプルの関係

代入文の=の左側に**複数の変数をカンマで区切って書く**と、値をまとめて代入することができます。この場合、まず=の右側の値がタプルになり、そのあと分解（アンパック）されて左側の変数に入ります。

c2_9_3.py

```
001 x1, y1 = 80, 40 ………… 変数x1に80、変数y1に40が代入される
002 print(x1, y1)
003 x2, y2 = [80, 40] ………… リストでも同じことができる
004 print(x2, y2)
005 position = 80, 40 ………… この場合は変数positionにタプルが代入される
006 print(position)
```

実行結果

```
80 40
80 40
(80, 40)
```

左辺の変数と右辺の値の個数が合っていないと、エラーが発生することがあるので注意してください。

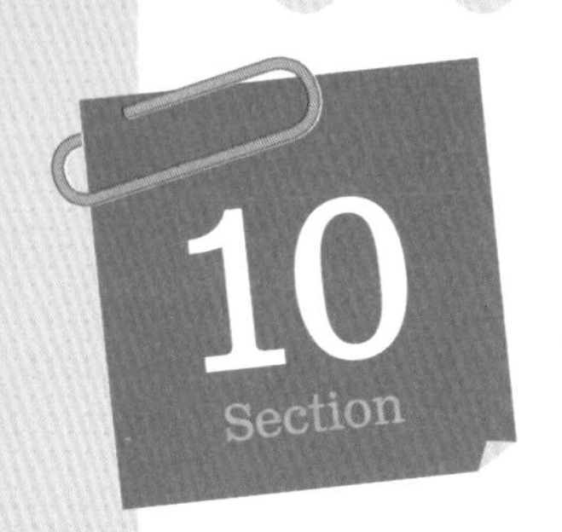

複数の値を辞書に入れる

辞書も、複数の値を記憶するための型だよ。値を名前で管理できるよ

値を名前で管理？　どういうこと？

リストやタプルではインデックス番号で値を管理するでしょ。辞書では「name」や「age」みたいな名前で管理するの

辞書を作成する

辞書（dict）は「キー」という名前で値を管理します。リストやタプルのインデックスは順番を示すだけですが、辞書は「名前」や「年齢」のように値に意味を持たせることができます。

辞書を作るには、全体を「{ }（波カッコ）」で囲み、「'キー': 値」をカンマで区切って並べます。キーには文字列が使われることが多いですが、他の型（数値など）も使えます。ただし、数値のキーだと意味が示せないので、辞書のメリットが半減します。

辞書の書式

```
{ キー : 値, キー : 値, キー : 値……}
```

```
user = {'id': 1, 'name': 'Yamada', 'age': 24}
```

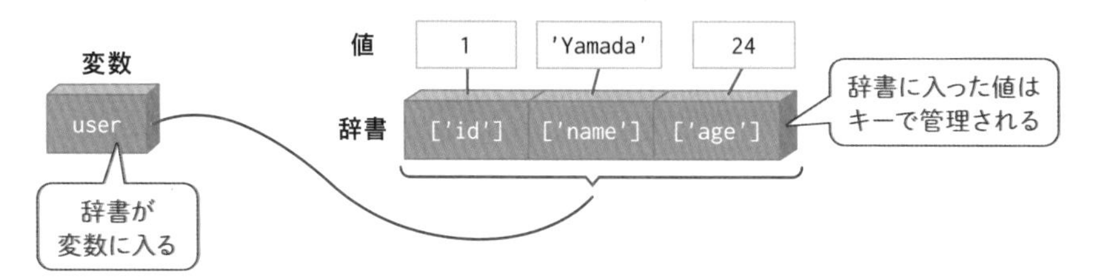

辞書の中の値を参照するには、角カッコの中にキーを指定します。次の例は、何かのユーザーのデータを辞書に記憶したものです。

c2_10_1.py

```
001 user1 = {'id': 1, 'name': 'Yamada', 'age': 24}
002 print(user1) ………… 辞書全体を表示
003 print(user1['name']) ………… 辞書のキー「name」の値を表示
```

実行結果

```
{'id': 1, 'name': 'Yamada', 'age': 24}
Yamada
```


辞書とリストを組み合わせる

使い方は何となくわかったけど、名前で管理する意味がよくわからないな。リストとどう違うの？

辞書はリストと組み合わせて使うこともあるの。その例を見たら理由がわかるんじゃないかな

先ほどの例は1つのユーザーのデータを辞書にしたものですが、ユーザーは複数いても不思議はありません。そこで、リストと辞書を組み合わせて、複数のユーザーを管理してみます。

c2_10_2.py

```
001 userlist = [
002     {'id': 1, 'name': 'Yamada', 'age': 24},
003     {'id': 2, 'name': 'Satou', 'age': 28},
004 ]
005 print(userlist[1]) ………… リストの1番目の要素を表示
006 print(userlist[1]['name']) ………… リストの1番目のキー「name」を表示
```

実行結果

```
{'id': 2, 'name': 'Satou', 'age': 28}
Satou
```

これどうなってるの？　リストの角カッコの中に辞書の波カッコが入ってるんですけど？

リストと辞書を入れ子（ネスト）にしたんだよ。図にして整理すると理解できるかも。もしくは、実際のデータ構造とは違うけど、表形式で見てみるとか

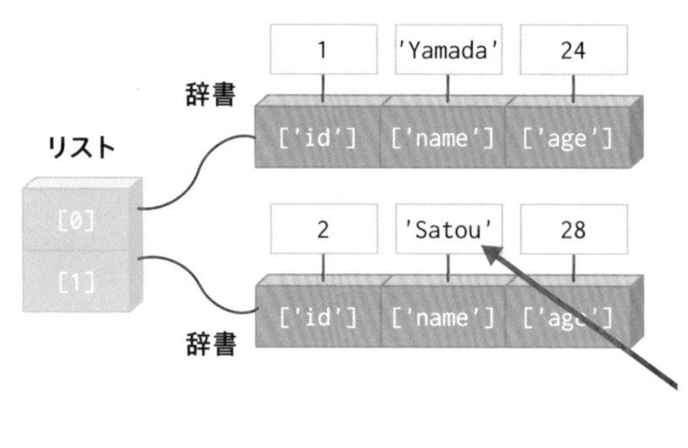

表で示したもの

	id	name	age
0	1	Yamada	24
1	2	Satou	25

userlist[1]['name']

インデックスとキーで参照

なるほど、1人分のデータをまとめた辞書を、さらにリストにまとめてるってことか。userlist[インデックス][キー]で参照できるのね

このユーザーリストは、辞書を使わずに、リストを入れ子にしても実現できるよね

リストの入れ子の例

```
userlist = [
    [1, 'Yamada', 24],
    [2, 'Satou', 28],
]
```

データの構造

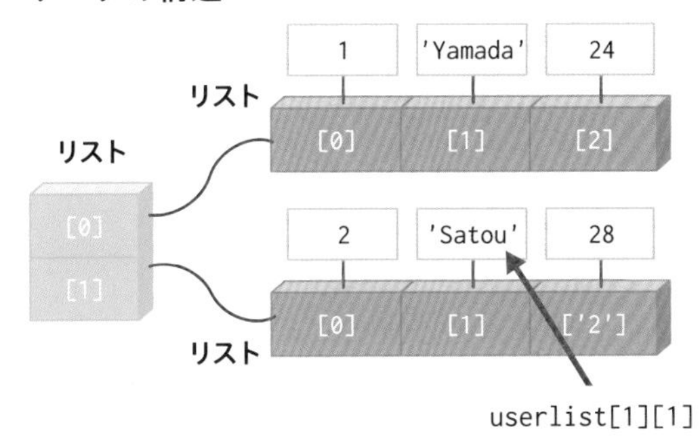

でもこの場合だと、1番目のユーザーの名前を調べるときにuserlist[1][1]みたいに書くことになってしまう

あー、確かに辞書を使ったほうが「名前」を調べてるってわかりやすい。リストより辞書が向いてるね

Pythonのドキュメントを見ていると、イテレータ（iterator）とイテラブル（iterable）という用語が時々出てきます。名前が似ているので混同しがちなのですが、違うものです。イテレータは、データの集まりから値を1つずつ取り出すしくみを持つ型のことで、繰り返し処理（Chapter 3参照）に欠かせません。イテラブルは「イテレータに変換可能なもの」という意味で、リスト、タプル、文字列、辞書はイテラブルな型です。

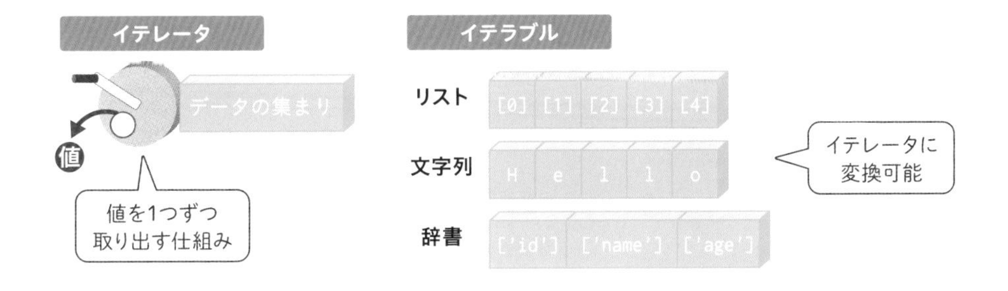

11 Section オブジェクトとメソッドを使ってみよう

リストの要素を置き換えるんじゃなくて、新しい要素を追加することってできないのかな？

listオブジェクトのメソッドを使えば、要素の追加／削除／並べ替えとか、いろいろな操作ができるよ

また、新しいものが出てきた。覚えること多いよお！

そうでもないよ。オブジェクトは型の別名みたいなものだし、メソッドは関数と似たようなものだよ

オブジェクトは「データ」と「操作する命令」からなる

Pythonの値はすべて**オブジェクト**です。オブジェクトは「データ本体」と「データを操作するための命令（**メソッド**）」がセットになっています。オブジェクトには種類を表す名前が付いており、文字列ならstrオブジェクト、リストならlistオブジェクトとなります。

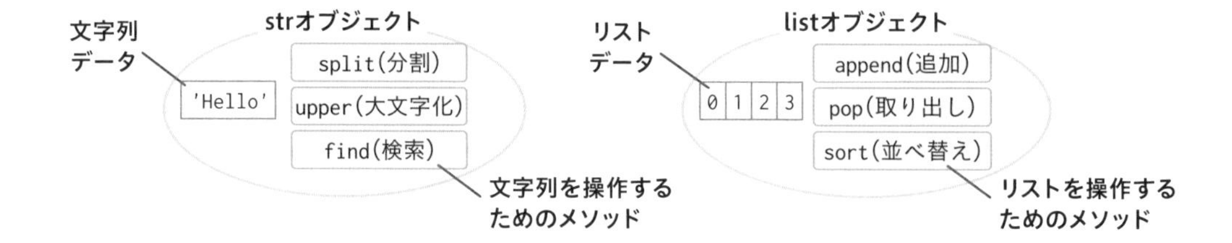

前に値の種類のことを「型（データ型）」と呼ぶと説明しました。プログラミング言語によっては型とオブジェクトが分かれていることもあるのですが、Pythonでは同じものを指すと考えてかまいません。たとえば、リスト（list型）はlistオブジェクトだと考えてください。詳しくはChapter 5のクラスのところであらためて説明します。

appendメソッドで要素を追加する

appendメソッドを利用してリストに要素を追加してみましょう。メソッドとはオブジェクトに所属する関数のことで、**使い方はほとんど関数と同じ**です。大きな違いは、**メソッド名の前に「変数」と「.(ドット)」を書く**ことです。

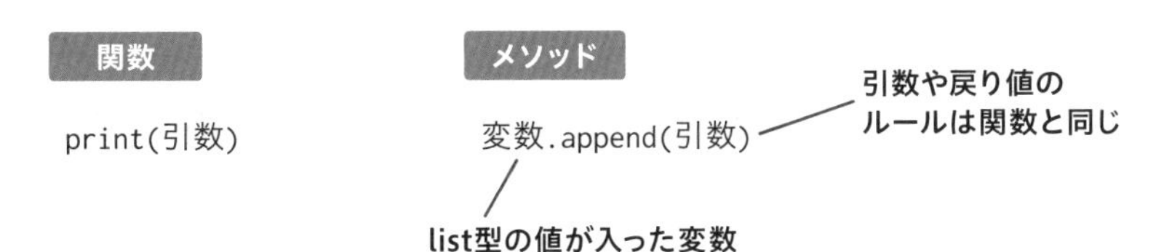

listオブジェクトのメソッドを使う場合は、その前の変数にlist型の値が入っていないとエラーになるよ

実際にやってみましょう。ペットのリストを用意し、そこに新しい要素を追加します。

c2_11_1.py

```
001 pets = ['Dog', 'Cat', 'Pig', 'Hamster', 'Horse']
002 pets.append('Parrot')
003 print(pets)
```

実行結果

```
['Dog', 'Cat', 'Pig', 'Hamster', 'Horse', 'Parrot']
```

うん、やりたかったのはこれ。ちなみにリストの末尾じゃなくて、真ん中に足したいときはどうするの？

その場合は、途中に挿入するinsertメソッドを使うの。listにはたくさんのメソッドがあるから、主なものを紹介するよ

●listオブジェクトの主なメソッド、関数

メソッド、演算子、関数	働き
s.clear()	sからすべての要素を取り除く
s.insert(i, x)	sのインデックスiにxを挿入
s.pop(i)	sからi番目の要素を取り出し、削除する
s.remove(x)	sからxと一致する最初の要素を取り除く
s.reverse()	sを逆転する
s.sort()	sを並べ替える
sorted(s)	sを並べ替えた新たなリストを返す（組み込み関数）
len(s)	sの長さを返す（組み込み関数）

※sはリスト、xは値、iは整数を示します

へー、ずいぶんいろんなことができるんだね

リストから要素を取り出す

リストから要素を取り出したいときは、**popメソッド**を利用します。popメソッドは要素を削除し、その値を戻り値として返します。取り出す要素のインデックスを引数で指定でき、引数を省略した場合は末尾の要素を取り出します。

c2_11_2.py

```
001 pets = ['Dog', 'Cat', 'Pig', 'Hamster', 'Horse']
002 p1 = pets.pop()      ……末尾の要素を取り出す
003 p2 = pets.pop(2)     ……2番目の要素を取り出す
004 print(p1, p2)        ……取り出した値を表示
005 print(pets)          ……リストを表示
```

実行結果

```
Horse Pig
['Dog', 'Cat', 'Hamster'] ……取り出した要素はなくなっている
```

appendメソッドと引数なしのpopメソッドを組み合わせて、リストの末尾に追加／削除するデータ構造もよく使われるよ。LILO（Last-In-Last-Out）とか、スタックっていうの

リストの要素を並べ替える

sortメソッドを使うと、listを並べ替えることができます。デフォルトでは昇順（小さい順）で並べ替えられ、キーワード引数のreverseにTrueを指定すると降順（大きい順）で並べ替えられます。

c2_11_3.py

```
001 pets = ['Dog', 'Cat', 'Pig', 'Hamster', 'Horse']
002 pets.sort() ············昇順で並べ替え
003 print(pets)
004 pets.sort(reverse=True) ············降順で並べ替え
005 print(pets)
```

実行結果

```
['Cat', 'Dog', 'Hamster', 'Horse', 'Pig']
['Pig', 'Horse', 'Hamster', 'Dog', 'Cat']
```

sortメソッドは便利だね

ただし、現在のリストの内容が書き換えられてしまうの。現在のリストを残したまま並べ替え後の新しいリストを作りたい場合は、組み込み関数のsorted関数を使うといいよ。使い方はほぼ一緒で、関数の戻り値が新しいリストになるんだ

c2_11_4.py

```
001 pets = ['Dog', 'Cat', 'Pig', 'Hamster', 'Horse']
002 sorted_pets = sorted(pets) ············sorted関数で並べ替え
003 print(pets)
004 print(sorted_pets)
```

実行結果

```
['Dog', 'Cat', 'Pig', 'Hamster', 'Horse']
['Cat', 'Dog', 'Hamster', 'Horse', 'Pig']
```

sorted関数は過去形なんだ。これだと並べ替える前のリストも残るんだね

そう。前のデータも必要なことはあるからね。Pythonドキュメントにいろいろな並べ替えのテクニックが載っているから、そこも参考にしてみよう！

- Pythonドキュメント　ソートHOW TO
  https://docs.python.org/ja/3/howto/sorting.html#sortinghowto

Point

コーディング規約PEP8

「変数名はスネークケースにする」「インデントはスペース4つ」「2つの関数定義の間は2行空ける」など、Pythonには読みやすくするための慣習的なコーディング規約があります。コーディング規約とは名前の通り、コード（プログラム）を書くときのルールのことです。その代表的なものが「PEP8」です。原文は英語ですが、日本語で解説した情報もあるので、「PEP8」でネット検索してみてください。

- PEP 8 -- Style Guide for Python Code | Python.org（英語）
  https://www.python.org/dev/peps/pep-0008/

Point

引数keyを使った並べ替え

sortメソッドの引数keyには、並べ替えの基準を決める関数を指定できます。例えば、辞書を値にしたリスト（P.69参照）を並べ替えたい場合は、並べ替えの基準を指定しなければいけません。標準ライブラリ（Chapter 4参照）のoperator.itemgetterメソッドを使って基準にする値を取り出し、それを引数keyに指定します。次の例では、辞書のキー「age」を指定して、年齢順に並べ替えています。

c2_11_5.py

```
001 from operator import itemgetter
002 
003 userlist = [
004     {'id': 1, 'name': 'Yamada', 'age': 24},
005     {'id': 2, 'name': 'Satou', 'age': 28},
006     {'id': 3, 'name': 'Kimura', 'age': 18}
007 ]
008 userlist.sort(key=itemgetter('age'))
009 print(userlist)
```

実行結果

```
[{'id': 3, 'name': 'Kimura', 'age': 18},
 {'id': 1, 'name': 'Yamada', 'age': 24},
 {'id': 2, 'name': 'Satou', 'age': 28}]
```

1行目のfromなどの記法はChapter 4を参照してください。

Point

シーケンス型とシーケンス演算

Pythonドキュメントを見ると、リストのメソッドの説明は、list型の項ではなく**シーケンス型**の項に書かれています。シーケンス型とは「順序を持つ複数のデータの集まり」を指し、リスト、タプル、range（P.106参照）、文字列が該当します。シーケンス型で利用できる演算子、メソッド、関数などをまとめて**シーケンス演算**といいます。

● Pythonドキュメント　共通のシーケンス演算
https://docs.python.org/ja/3/library/stdtypes.html#common-sequence-operations

シーケンス演算はどのシーケンス型でも使えます。例えば、リストのところでスライス（P.64参照）を説明しましたが、文字列やrangeでも利用できます。

対話モード

```
>>> 'Hello'[:2] ············文字列からスライスで先頭2文字を取り出す
'He'
```

また、シーケンス型には**変更可能（ミュータブル）**と**変更不可（イミュータブル）**の2種類があります。内容を書き換えるような操作は、リストなどの変更可能なシーケンス型でしか使えません（P.163参照）。

まとめ

- データのことを「値」と呼び、データの種類のことを「型」と呼ぶ。
- 命令には「演算子」「関数」「メソッド」などがある。
- 複数行をまたぐような処理を行うときは、「変数」に一時的に値を記憶する。
- 複数の値をまとめる型には、「リスト」「タプル」「辞書」などがある。
- Pythonの値はすべて「オブジェクト」であり、オブジェクトは「データ本体」とそれを操作するための「メソッド」がセットになっている。

Chapter 3

処理の流れを制御しよう

Section 1

分岐と反復でもっと便利なプログラムに

順次　　分岐　　反復

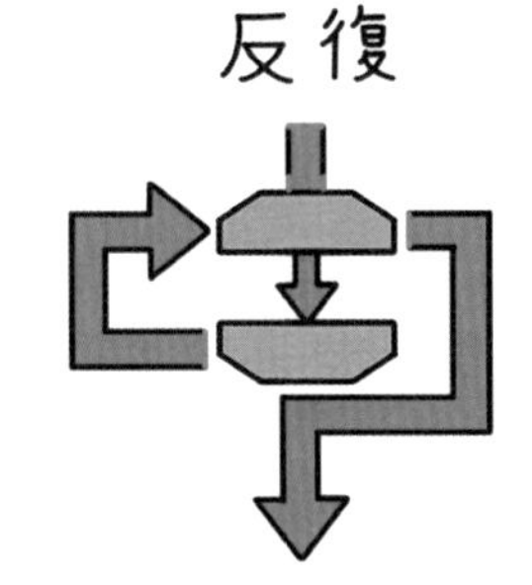

Chapter 2までのプログラムは先頭から順に1行ずつ実行されていたよね。こういう処理の流れを「順次」っていうの

プログラムは指示書みたいなものだから、上から順番にやるっていうのはわかりやすいよね

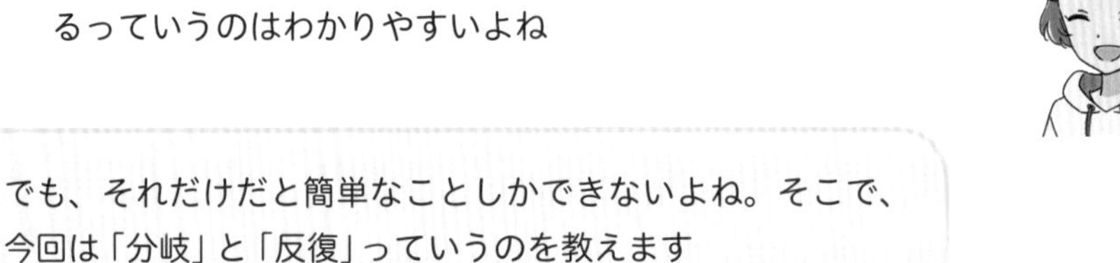

でも、それだけだと簡単なことしかできないよね。そこで、今回は「分岐」と「反復」っていうのを教えます

分岐と反復？　何それ

分岐は処理の流れが分かれること。反復は流れが繰り返すことよ

分岐によって状況判断できるようになる

「決められた時刻になったらアラームを鳴らす」。「ボタンが押されたらアプリを起動する」。こういうのは全部「分岐」だよ

なるほど。「○○されたら、××する」ってことね。コンピューターが状況をみて判断してくれるんだ

コンピュータは「判断」はしないよ。「数値が大きい／小さい」みたいな単純な「条件」を人間が作って、教えてあげないといけないの

わー、きっとそこが一番大変なんだろうね

反復によって繰り返し仕事ができるようになる

反復は「繰り返し処理」とか「ループ」ともいう。機械的な繰り返し処理こそ効率化のキモだね

うんざりする繰り返し仕事でもコンピュータがやってくれるなら楽でいいよね。スイッチオンであとはお任せ～みたいな感じかな？

Section 2 大きいか、小さいか、同じか？

分岐を説明する前に、数値の大小や、文字列が等しいかどうかを調べる方法を説明しよう

ん？　それ分岐と関係あるの？

分岐の条件に使うんだよ。大きかったらこっち、小さかったらあっちみたいに

値を比較する演算子

値を比較するには、比較のための演算子を使います。左右に値を置いて使い、比較した結果が**正しい場合はTrue（トゥルー）、正しくない場合はFalse（フォルス）**という値を返します。

● 比較演算子

演算子	演算子の意味	例	例の意味
<	より小さい	A < B	AはBより小さい？
<=	以下	A <= B	AはB以下？
>	より大きい	A > B	AはBより大きい？
>=	以上	A >= B	AはB以上？
==	等しい	A == B	AとBは等しい？
!=	等しくない	A != B	AとBは等しくない？

ふーん。比較演算子が質問になってて、TrueかFalseで答えが返ってくるんだね

実際に使ってみましょう。次のプログラムは、変数priceの値が50より大きければTrue、そうでなければFalseを表示します。

c3_2_1.py

```
001  price = 100
002  print(price > 50) ………priceは50より大きい?
```

実行結果

```
True
```

priceには100を入れているから、100 > 50でTrueかー

比較演算子はいろいろあるから、もっとたくさん比較してみよう

c3_2_2.py

```
001  price = 100
002  print(price < 0)      ………priceは0より小さい?
003  print(price > 0)      ………priceは0より大きい?
004  print(price < 100)    ………priceは100より小さい?
005  print(price <= 100)   ………priceは100以下?
006  print(price == 100)   ………priceは100と等しい?
007  print(price >= 100)   ………priceは100以上?
008  print(price > 100)    ………priceは100より大きい?
```

実行結果

```
False
True
False
True
True
True
False
```

うわ、ややこしい。どれがTrueでどれがFalseだか

数直線の図を書いて整理してみましょう。「< 100」や「> 100」は100を含みませんが、「<= 100」や「>= 100」は100も含みます。

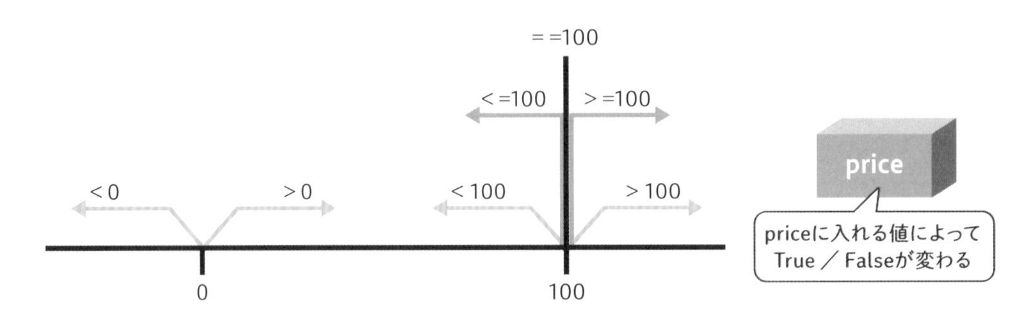

文字列を比較する

文字列も比較することができます。等しいか等しくないかだけでなく、文字コード（文字に割り振られた番号）順で大小を比較することもできます。

c3_2_3.py

```
001 text = 'elephant'
002 print(text == 'rat')  ………textは'rat'と等しい？
003 print(text != 'rat')  ………textは'rat'と等しくない？
004 print(text > 'rat')   ………textは'rat'より大きい？
005 print(text < 'rat')   ………textは'rat'より小さい？
```

実行結果

```
False
True
False
True
```

どうしてゾウがネズミより小さいの？

体の大きさじゃなくて、アルファベット順での大小だよ。'elephant'は「e」で始まるから、「r」で始まる'rat'より小さいってみなすのよ

含まれるかどうかをチェックする

リストや文字列、辞書などでは、「in」と「not in」という演算子で「値が含まれているかどうか」を調べることができます。Chapter 2で紹介した演算子は記号でしたが、このような単語の演算子もあります。

●含まれているかを調べる演算子

演算子	演算子の意味	例	例の意味
in	含まれている	'an' in 'andou'	'andou'に'an'は含まれている？
not in	含まれていない	'an' not in 'andou'	'andou'に'an'は含まれていない？

c3_2_4.py

```
001 print('an' in 'andou') ············'andou'に'an'は含まれている？
002 print('an' not in 'andou') ············'andou'に'an'は含まれていない？
003 
004 pets = ['Dog', 'Cat', 'Pig', 'Hamster', 'Horse']
005 print('Dog' in pets) ············petsに'Dog'は含まれている？
006 print('Dog' not in pets) ············petsに'Dog'は含まれていない？
```

実行結果

```
True
False
True
False
```

「in」は意外とよく使うから覚えておいてね

3 Section 条件によって処理を変える

比較演算子の使い方はわかった？　面白かった？

何に使うかわからないというか、面白いかどうかでいったら「False」って感じ！

今回説明する「if（イフ）文」を覚えたら、比較演算子の便利さがわかるよ

if文でTrueのときに処理を実行する

if文を使うと、条件がTrueのときだけ処理を実行できます（条件分岐）。条件のあとは「:（コロン）」を書き、次の行から字下げして実行したい処理を書きます。

if文の書式

```
if 条件:
    Trueのときの処理 ………… 行頭にスペースを入れて字下げ
```

この字下げのことを**インデント**といい、IDLEやテキストエディタでインデントするときは Tab キーを押します。Tab キーは本来はタブ文字を挿入するためのキーですが、Pythonではタブ文字よりも**半角スペース4文字**を使うことが一般的です。そのため、IDLEなどのPythonのコーディング規約に対応したテキストエディタでは、Tab キーを押すと複数の半角スペースが挿入されることが多いです。

インデントした範囲のことを「ブロック」と呼ぶの。「if文のあとのインデントしているところ」なら「if文のブロック」ね

実際にやってみましょう。次の例は、最低の値段が100円となるよう調整するプログラムです。値段が100より小さい場合、100に変更します。

c3_3_1.py

```
001 price = 50
002 if price < 100: ………… 条件
003     price = 100 ………………………………………… if文のブロック
004     print('100円未満は100円にします') ……
005 print(f'値段は{price}円です') ………… この行はif文のブロック外
```

実行結果

```
100円未満は100円にします
値段は100円です
```

priceが100になるのはpriceが100未満のときだけなので、1行目のpriceに代入する値を200などに変えると、そのまま「値段は200円です」と表示されます。

c3_3_1.py（最初のpriceに代入する数値を変更）

```
001 price = 200
    ……後略……
```

実行結果

```
値段は200円です
```

ここで注目してほしいのは、priceが100未満でも100以上でも「値段は○○円です」は表示されること

あ、よく見るとその行はインデントしてないね

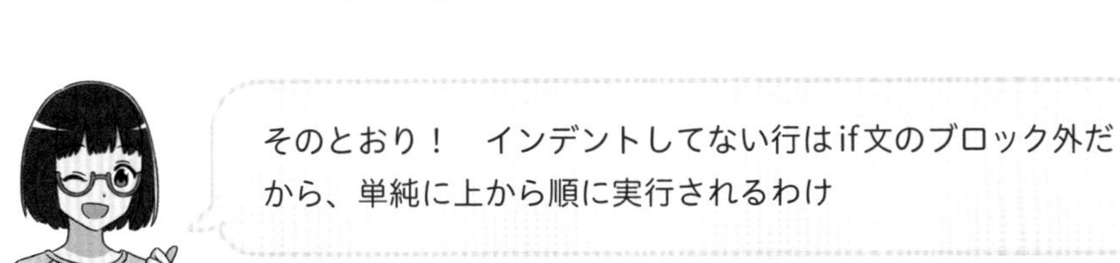

Falseのときに実行するelse節

if文にelse節を追加すると、条件がFalseのときに処理を実行することができます。else節はif文の一部なので、if文なしでelse節だけを書くことはできません。

if文＋else節の書式

```
if 条件:
    Trueのときの処理
else:
    Falseのときの処理
```

流れ図で表すと次のとおりです。else節を加えることで、Trueのときと Falseのときで異なる処理が行えるようになります。

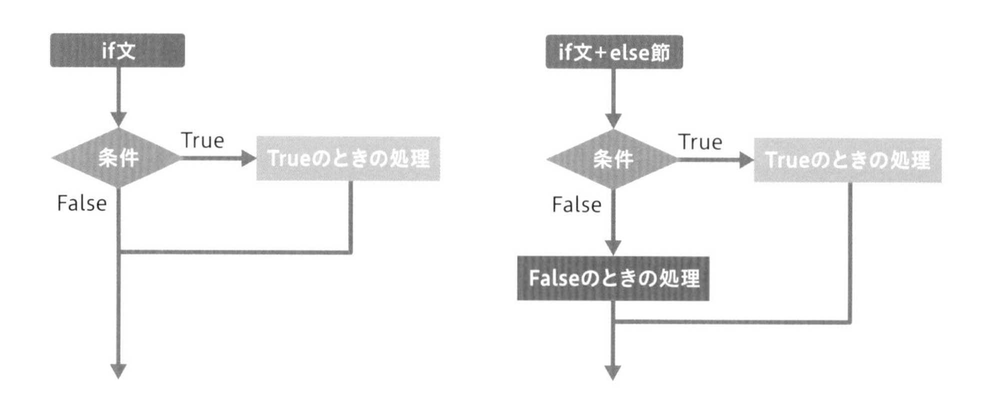

先ほどのサンプルにelse節を加えてみましょう。else節が実行されるよう、変数priceには100より大きい値を代入しておきます。

c3_3_2.py

```
001 price = 150 ············100より大きい値を代入
002 if price < 100:
003     price = 100
004     print('100円未満は100円にします')
005 else: ············else節を追加
006     print('値段調整の必要はありません')
007 print(f'値段は{price}円です')
```

実行結果

```
値段調整の必要はありません
値段は150円です
```

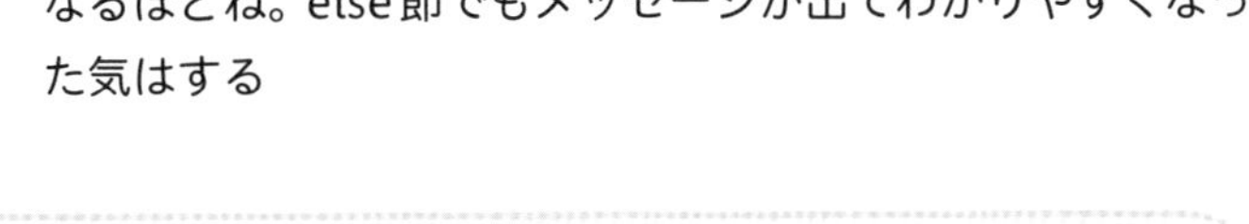

なるほどね。else節でもメッセージが出てわかりやすくなった気はする

この例だとelse節はなくてもそんなに困らないんだけど、else節が必要になる状況はよくあるの。例えば、条件を満たさないときにエラーメッセージを表示するとかね

Point

条件次第でブロックを逆にできる

if～elseのような2分岐では、たいていの場合、条件を変えてTrueのブロックとFalseのブロックを入れ替えることができます。

```
if price < 100: ………… 「100より小さい」が条件
    print('エラー：100円より安くはできません')
else:
    # 正常時（100以上のとき）に行う処理
```

```
if price >= 100: ………… 「100以上」が条件
    # 正常時（100以上のとき）に行う処理
else:
    print('エラー：100円より安くはできません')
```

どちらでも同じ動きなので、条件のわかりやすさや全体の読みやすさで使い分けましょう。

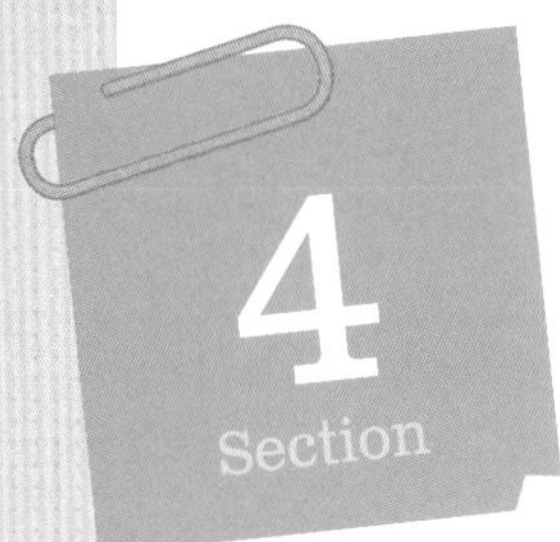

入力に応じて結果を変える対話型プログラムを作ろう

次はユーザーが数値や文字列を入力できるプログラムにしてみよう。こういうのを対話型プログラムっていうよ

何か入力したら結果を返事するから対話型ね。ところで「分岐」との関係は？

ユーザーは何を入力してくるかわからないよね。だからユーザーの入力内容にあわせて処理を変えたいことがあるの。そこで分岐を使うんだ

input関数でユーザーの入力を受け取る

ユーザーに何かを入力させるときは**input（インプット）関数**を使います。input関数の戻り値は文字列なので、それを変数に入れておきます。

input関数の書式

```
結果を入れる変数 = input('入力をうながす文字列')
```

次のプログラムは、ユーザーに何かを入力させ、入力した文字列を表示するだけのものです。

c3_4_1.py

```
001  text = input('何か入力して：')
002  print(f'入力内容は「{text}」')
```

プログラムを実行すると、input関数の引数に指定した「何か入力して：」を表示して一時停止します。何かを入力して Enter キーを押すとプログラムが再開され、続きの行が実行されます。

```
Python 3.9.1 (tags/v3.9.1:1e5d33e, Dec  7 2020, 17:08:21) [MSC v.1927 64 bit (AM
D64)] on win32
Type "help", "copyright", "credits" or "license()" for more information.
>>>
============ RESTART: C:¥Users¥ohtsu¥Documents¥ghkwPython¥c3_4_1.py ============
何か入力して：ぱいそん
```

❶文字列を入力して Enter キーを押す

```
Python 3.9.1 (tags/v3.9.1:1e5d33e, Dec  7 2020, 17:08:21) [MSC v.1927 64 bit (AM
D64)] on win32
Type "help", "copyright", "credits" or "license()" for more information.
>>>
============ RESTART: C:¥Users¥ohtsu¥Documents¥ghkwPython¥c3_4_1.py ============
何か入力して：ぱいそん
入力内容は「ぱいそん」
>>>
```

❷入力した文字列がprint関数で表示される

input関数で数値を受け取る

input関数はユーザーが入力した文字列を取得するものなので、数字を入力したとしても戻り値は文字列です。戻り値をそのまま計算に使うと、TypeError（型のエラー）が発生してしまいます（P.60参照）。int関数やfloat関数を使って数値に変換しなければいけません。

次のプログラムは文字列と数値を入力させ、入力した数値の回数だけ文字列を繰り返して表示します。

c3_4_2.py

```
001 text = input('何か入力して：')
002 input_count = input('何回？：')
003 repeat_count = int(input_count) ………… 入力した文字列をint型の数値に変換
004 print(text * repeat_count)
```

```
Python 3.9.1 (tags/v3.9.1:1e5d33e, Dec  7 2020, 17:08:21) [MSC v.1927 64 bit (AM
D64)] on win32
Type "help", "copyright", "credits" or "license()" for more information.
>>>
============ RESTART: C:¥Users¥ohtsu¥Documents¥ghkwPython¥c3_4_2.py ============
何か入力して：ぱいそん
何回？：6
```

❶文字列と数値を入力

```
Python 3.9.1 (tags/v3.9.1:1e5d33e, Dec  7 2020, 17:08:21) [MSC v.1927 64 bit (AM
D64)] on win32
Type "help", "copyright", "credits" or "license()" for more information.
>>>
============ RESTART: C:¥Users¥ohtsu¥Documents¥ghkwPython¥c3_4_2.py ============
何か入力して：ぱいそん
何回？：6
ぱいそんぱいそんぱいそんぱいそんぱいそんぱいそん
>>>
```

❷文字列が数値の分だけ繰り返して表示される

あ、数字を全角で入力しちゃったけど実行できた

int関数は整数に変換できるものなら、全角でも半角でもOKだよ。漢数字は無理だけど。「2.5」のように小数点以下を含めたいときはfloat関数を使ってね

```
Python 3.9.1 (tags/v3.9.1:1e5d33e, Dec  7 2020, 17:08:21) [MSC v.1927 64 bit (AMD64)] on win32
Type "help", "copyright", "credits" or "license()" for more information.
>>>
============ RESTART: C:¥Users¥ohtsu¥Documents¥ghkwPython¥c3_4_2.py ============
何か入力して：ぱいそん
何回？：６
Traceback (most recent call last):
  File "C:¥Users¥ohtsu¥Documents¥ghkwPython¥c3_4_2.py", line 4, in <module>
    print(text * repeat_count)
TypeError: can't multiply sequence by non-int of type 'str'
>>>
```

3行目のint関数で変換する処理を忘れるとTypeErrorが表示される

input関数をif文と組み合わせる

input関数とif文を組み合わせてみましょう。次のプログラムは、if文で値段の処理をするc3_3_2.py（P.88参照）にinput関数を組み合わせて、実行時に数値を入力できるようにしたものです。

c3_4_3.py

```
001 text = input('値段を入力：') ············input関数で値段を入力させる
002 price = int(text) ············int関数で数値に変換
003 if price < 100:
004     price = 100
005     print('100円未満は100円にします')
006 else:
007     print('値段調整の必要はありません')
008 print(f'値段は{price}円です')
```

実行結果

```
値段を入力：60
100円未満は100円にします
```

```
値段は100円です
```

前のプログラムで値段を変更したかったら変数に入れる値を変えるしかなかったけど、今回は実行時に入力すればいいんだね

そういうこと。これが「対話型プログラム」だよ。これならPythonを知らない人にもプログラムを使ってもらいやすいでしょ

入力値をチェックする

あっ！　間違って数字じゃないものを入力したら真っ赤なエラーが！　ValueErrorって出てる！

```
IDLE Shell 3.9.1
File  Edit  Shell  Debug  Options  Window  Help
Python 3.9.1 (tags/v3.9.1:1e5d33e, Dec  7 2020, 17:08:21) [MSC v.1927 64 bit (AMD64)] on win32
Type "help", "copyright", "credits" or "license()" for more information.
>>>
============ RESTART: C:¥Users¥ohtsu¥Documents¥ghkwPython¥c3_4_3.py ============
値段を入力：qうぇrt
Traceback (most recent call last):
  File "C:¥Users¥ohtsu¥Documents¥ghkwPython¥c3_4_3.py", line 2, in <module>
    price = int(text)
ValueError: invalid literal for int() with base 10: 'qうぇrt'
>>>
```

まぁ、そういうことはあるよね。でも、こんなエラーが出るとPythonを知らない人はビックリするよね

Python知っててもビックリするよ！

数値に変換できない文字列をint関数に渡すと、ValueError（値のエラー）が発生してしまい

ます。これを避けるには、str型の**isdigitメソッド**を使って文字列に変換可能かをチェックします。

isdigitメソッドの書式

文字列を入れた変数.isdigit() ………… 整数に変換可能な文字列ならTrueを返す

isdigitメソッドはTrueまたはFalseを返すので、if文の条件にそのまま使うことができます。次のプログラムは、isdigitメソッドの戻り値がTrueなら数値に変換し、Falseなら「数字を入力してください」と表示します。

c3_4_4.py

```
001  text = input('値段を入力：')
002  if text.isdigit():
003      price = int(text)
004      print(f'値段は{price}円です')
005  else:
006      print('数字を入力してください')
```

実行結果

```
値段を入力：120
値段は120円です
============ 再実行 ============
値段を入力：abc
数字を入力してください
```

isdigitメソッドがTrueを返したときだけ、数値に変換して計算とかすればいいわけね

そういうこと。ただし、isdigitメソッドは「すべての文字が数字か」しかチェックしてくれないので注意は必要ね

isdigitメソッドで何がチェックできるのかを、実際のプログラムで確認してみましょう。

c3_4_5.py

```
001 print('12345'.isdigit())       …………数字のみ
002 print('１２３４５'.isdigit())  …………全角
003 print('12,345'.isdigit())      …………カンマ区切り
004 print('-12345'.isdigit())      …………負の数
005 print('12345.01'.isdigit())    …………小数点入り
```

実行結果

```
True  …………数字のみ
True  …………全角
False …………カンマ区切り
False …………負の数
False …………小数点入り
```

わ！　負の数も小数点入りもダメなんだ

そう。数字以外の文字が混ざっているとFalseになっちゃう。負の数や浮動小数点数もチェックしたいなら、正規表現（せいきひょうげん）を使うといいよ。これもChapter 4で解説するよ

それにしてもエラーはびっくりするね。エラーを出しちゃうってことはプログラミング向いてないのかな……？

そんなことないよ！　プログラミングにエラ　はつきものなの。実は先生もエラーやバグ（不具合）のあるプログラムを書いちゃうことは多いんだ。慌てず、調べる習慣を身につけようね。詳しくはChapter 5で5-6を中心に解説するよ

5 Section もっと複雑な条件分岐

さっきはTrueとFalseの2分岐を説明したけど、さらに複雑な分岐もできるの

3分岐とか4分岐とか？

そんな感じ。具体的なやり方には、「if文の入れ子」「elif節の追加」「論理演算子」の3つの方法があるわ

if文のブロック内にif文を入れる

値段をチェックするc3_4_3.py（P.92参照）に、isdigitメソッドによる入力値チェックを加える場合、2つの分岐を組み合わせなければいけません。分岐の組み合わせ方には何とおりかあるのですが、まずは**if文の入れ子（ネスト）**を使ってみましょう。

if文の入れ子とは、if文のブロック内に別のif文を書くことです。実際の例を見てみましょう。入力値をチェックするc3_4_4.pyのブロック内に、値段をチェックするc3_4_3.pyを加えています。if文のブロック内なのでインデントしています。

c3_5_1.py

```
001 text = input('値段を入力：')
002 if text.isdigit():…………入力値チェック
003     price = int(text)
004     if price < 100:…………値段チェック
005         price = 100…………2段階インデントする（半角スペース8つ分）
006         print('100円未満は100円にします')
007     else:…………値段チェックのelse節
008         print('値段調整の必要はありません')
009     print(f'値段は{price}円です')
```

```
010  else: …………入力値チェックのelse節
011      print('数字を入力してください')
```

実行結果（3回実行）

```
値段を入力：abc
数字を入力してください
============ 再実行 ============
値段を入力：60
100円未満は100円にします
値段は100円です
============ 再実行 ============
値段を入力：200
値段調整の必要はありません
値段は200円です
```

数字以外を入力したとき、100未満を入力したとき、100以上を入力したときで3分岐してるわけね

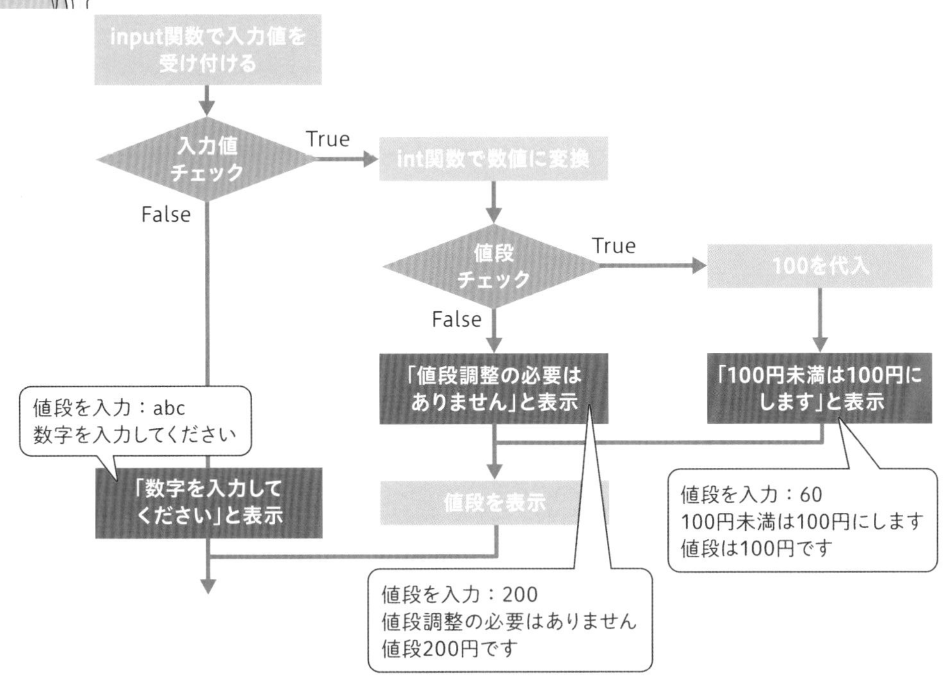

not演算子でTrueとFalseを入れ替える

入れ子の分岐がややこしく感じるときは、TrueとFalseのブロックを入れ替えると改善されることがあるよ

not（ノット）演算子を使うと、TrueをFalseに、FalseをTrueに逆転させることができます。次のプログラムはisdigitメソッドの戻り値をnot演算子で逆転し、数値が入力されていないときの警告表示を先にしています。

c3_5_2.py

```
001 text = input('値段を入力：')
002 if not text.isdigit(): ············not演算子を追加
003     print('数字を入力してください') ············数字以外の文字が含まれているときの警告
004 else:
005     price = int(text) ············数字が入力されたときの処理
006     if price < 100:
007         price = 100
008         print('100円未満は100円にします')
009     else:
010         print('値段調整の必要はありません')
011     print(f'値段は{price}円です')
```

実行結果はc3_5_1.pyと同じです。

読みやすくなったような、あまり変わらないような……

これだと、2〜3行目は「入力値チェック関係の処理」、4行目以降は「値段関係の処理」がまとまっているよね。先に入力値チェックとその対応を済ませてしまえば、それ以降は入力値が正しい前提で書けるから、処理が長くなってもそんなに複雑に感じないんだよ

elif節を追加して多段階分岐する

「2000円未満」「2000〜5000円」「5000〜10000円」といった多段階で分岐したい場合は、if文に**elif（エルイフ）節**を加えましょう。elif節は「else if」の意味で、if文のelse節のブロック内にif文を書くのと同等です。ただし、elif節ならインデントを深くせずに済みます。

また、途中のどの条件とも合わない場合のために、最後にelse節を追加できます。

c3_5_3.py

```
001 text = input('値段を入力：')
002 price = int(text)
003 if price < 2000: ············2000未満？
004     grade = 'エントリークラス'
005 elif price < 5000: ············5000未満？
006     grade = 'ミドルクラス'
007 elif price < 10000: ············10000未満？
008     grade = 'ハイグレードクラス'
009 else: ············それ以外（10000より上）
010     grade = 'エンタープライズクラス'
011 print(grade)
```

実行結果（5回実行）

```
値段を入力：5000
ハイグレードクラス
=========== 再実行 ===========
値段を入力：1000
エントリークラス
=========== 再実行 ===========
値段を入力：2000
ミドルクラス
=========== 再実行 ===========
値段を入力：6000
ハイグレードクラス
=========== 再実行 ===========
```

```
値段を入力：30000
エンタープライズクラス
```

ミドルクラスは2000～5000円なんだよね？　どうして条件は「price < 5000」だけでいいの？

最初のif文の条件は「price < 2000」でしょ。2000未満のときはそっちのブロックが実行されるから、次の条件は「price < 5000」でいいんだよ

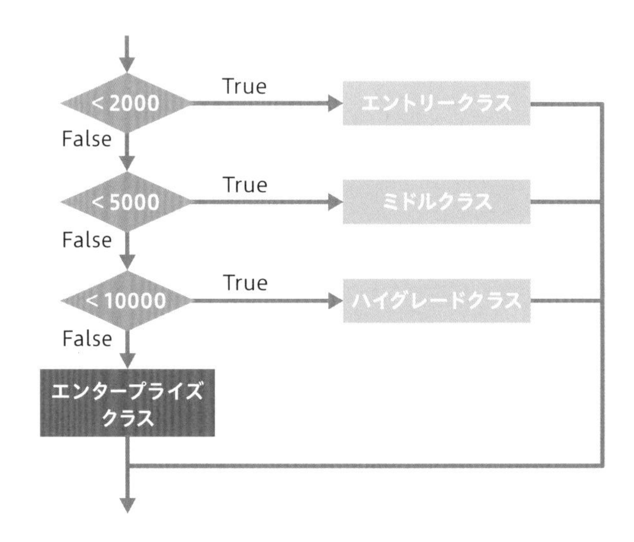

あ、別の分岐に行くからか。図で見るとわかるね！

and演算子とor演算子で複数の条件をまとめる

elif節を使わずに「2000以上、5000未満」という条件を書きたい場合は、and（アンド）演算子を使うよ

and演算子は、左右にある式の結果が**両方ともTrueのときに、Trueを返します**。他の比較演算子より優先順位が低いため、左右の式の結果が出てから処理されます。

c3_5_4.py

```
001 text = input('値段を入力：')
002 price = int(text)
003 if 2000 <= price and price < 5000: ············2000以上 かつ 5000未満？
004     print('ミドルクラス')
```

実行結果

```
値段を入力：4000
ミドルクラス
```

「2000 <= price and price < 5000」を一部省略して、「2000 <= price < 5000」と書いても同じ意味になるよ

and演算子の仲間に**or（オア）演算子**があります。こちらは**左右のどちらかがTrueなら、Trueを返します**。

c3_5_5.py

```
001 text = input('値段を入力：')
002 price = int(text)
003 if price < 1 or 10000 < price: ············1より小さい または 10000より大きい
004     print('取り扱い外')
```

実行結果

```
値段を入力：-1000
取り扱い外
```

andは「AかつB」、orは「AまたはB」と覚えるといいよ

Section 6 リストのデータを繰り返し処理する

分岐はここまで。次は反復をやってみよう

反復は繰り返すんだっけ？　何をどう繰り返すの？

繰り返しにもいろいろあるけど、まずはリストとfor（フォー）文を使う繰り返し処理に挑戦してみよう

for文でリストの要素を1つずつ取り出す

for文を使うと、リストなどの**複数の値を持つデータ**をもとに繰り返し処理が行えます。for文はリストから要素を1つずつ取り出して、リスト中の要素の数だけ繰り返しを行います。

for文は、取り出した値を入れる変数をforのあとに書き、inのあとにリストなどのイテラブルなオブジェクトかイテレータ（P.71参照）を書きます。そして、次の行でインデントして繰り返したい処理を書きます。

for文の書式

```
for 変数 in リストなど:
    繰り返す処理
```

for文を使って簡単な繰り返し処理を行ってみましょう。

c3_6_1.py

```
001 pets = ['Dog', 'Cat', 'Pig', 'Hamster', 'Horse']
002 for pet in pets:
003     print(f'{pet}をゲット')
```

実行結果

```
Dogをゲット
Catをゲット
Pigをゲット
Hamsterをゲット
Horseをゲット
```

1つのprint関数で、要素を1つずつ表示できたね

次はもう少し実用的な例を見せるよ

次の例では、リストと辞書を組み合わせたユーザーリスト（P.69参照）を使い、年齢の平均を求めています。平均は合計値÷個数という計算を行うので、まずfor文でリストからユーザーを取り出し、年齢（キー「age」の値）を足して合計値を出します。個数（ユーザー数）、つまりリストの長さ（要素の数）は、組み込み関数のlen関数を使って調べます。

c3_6_2.py

```
001 userlist = [
002     {'id': 1, 'name': 'Yamada', 'age': 24},
003     {'id': 2, 'name': 'Satou', 'age': 28}
004 ]
005 total = 0 ………… 合計値を入れる変数を用意
006 for user in userlist:
007     total += user['age'] ………… キー「age」の値を足す
008 average = total / len(userlist) ………… リストの長さで割って平均を求める
009 print(f'平均年齢は{average}')
```

実行結果

```
平均年齢は26.0
```

なるほど、繰り返し足し算して合計を求めてるのね

ちなみに、単純に数値だけのリストを合計したいときは、sum関数を使ったほうが簡単だよ

c3_6_3.py

```
001 numlist = [28, 20, 50, 35]
002 total = sum(numlist) ············sum関数でnumlistの数値を合計
003 print(f'合計は{total}')
```

実行結果

```
合計は133
```


繰り返しでリストのインデックスも使いたい場合は

リストのインデックスを繰り返し処理内で使う必要がある場合は、**enumerate（イニュームレイト）関数**を使います。enumerate関数は、インデックスと要素をタプル（P.66参照）にした、イテレータを返します。forとinの間に変数を2つ書くと、1つ目にインデックス、2つ目に要素が代入されます。

c3_6_4.py

```
001 pets = ['Dog', 'Cat', 'Pig', 'Hamster', 'Horse']
002 for i, pet in enumerate(pets):
003     print(f'{i}番目は{pet}')
```

実行結果

```
0番目はDog
1番目はCat
2番目はPig
3番目はHamster
4番目はHorse
```

「enumerate」ってスペル覚えにくいね。ローマ字読みで「エヌメラテ」って覚えればいいかな？

リストで使える便利ワザ

リストの繰り返しで役立つワザを2つ紹介しましょう。reversed（リバースド）関数を使うと、リストの末尾から逆順に取り出すことができます。

c3_6_5.py

```
001 pets = ['Dog', 'Cat', 'Pig', 'Hamster', 'Horse']
002 for pet in reversed(pets):
003     print(f'{pet}をゲット')
```

実行結果

```
Horseをゲット
Hamsterをゲット
Pigをゲット
Catをゲット
Dogをゲット
```

リストの一部要素だけ繰り返したい場合は、スライス（P.64参照）を組み合わせます。

c3_6_6.py

```
001 pets = ['Dog', 'Cat', 'Pig', 'Hamster', 'Horse']
002 for pet in pets[2:5]: ············スライスで要素2～4を取り出す
003     print(f'{pet}をゲット')
```

実行結果

```
Pigをゲット
Hamsterをゲット
Horseをゲット
```

回数を決めて繰り返す

さっきはリストの要素の数だけ繰り返しをしたけど、単に決まった回数だけ繰り返したいこともあるよね。7回繰り返しとか、100回繰り返しとか

0から100まで数えたいとかはあるかな？

そういうときは、for文にrange（レンジ）関数を組み合わせるの

range関数で連続する値を生成する

組み込みのrange関数を使うと、連続する値を表すrangeオブジェクトを生成できます。rangeオブジェクトはイテラブルなので、for文のinのあとに書くことができます。

range関数の引数のルールは、スライス（P.64参照）と同じです。1～3個の引数を指定でき、1つのみ指定した場合はストップ、2つ指定した場合はスタートとストップとなります。

range関数の書式

range(ストップ) ………… この場合は0からストップの1つ前まで1ずつ増える
range(スタート, ストップ) ………… この場合は1ずつ増える
range(スタート, ストップ, ステップ) ………… スタートからストップまでステップ間隔で増える

次のプログラムは、スタートを10、ストップを100、ステップを10にして、10間隔の連続する値を表示します。

c3_7_1.py

```
001 for i in range(10, 100, 10):
002     print(i, end='\t')
```

実行結果

```
10	20	30	40	50	60	70	80	90
```

あれ、横並びに表示されたね

print関数のend引数に、エスケープシーケンスの「\t」を指定して、終端を改行からタブ文字に変えたの。どちらもChapter 2で説明してるよ

入れ子の繰り返しで運賃表を作る

こういう感じの運賃表ってあるよね。これを繰り返し処理で作ってみよう

	学生	大人	家族
1km	80円	200円	650円
2km	160円	400円	1300円
3km	240円	600円	1950円
4km	320円	800円	2600円
5km	400円	1000円	3250円

学生、大人、家族の1kmの料金が基準になっていて、距離に比例して増えていくんだね。なかなか難しそう

行と列がある表のようなものを繰り返し処理で作る場合は、for文を**入れ子（ネスト）**にします。if文のネストと同じく、for文のブロック内に別のfor文を書きます。

c3_7_2.py

```
001 print('\t学生\t大人\t家族') ………… 表の見出しを表示
002 pricelist = [80, 200, 650] ………… 1kmあたりの運賃（学生、大人、家族）
003 for distance in range(1, 6): ………… 距離の繰り返し
004     print(f'{distance}km', end='\t')
005     for price in pricelist: ………… 料金の繰り返し
006         print(f'{price * distance}円', end='\t') ………… 値段と距離を掛けて表示
007     print() ………… 行末で改行
```


実行結果

	学生	大人	家族
1km	80円	200円	650円
2km	160円	400円	1300円
3km	240円	600円	1950円
4km	320円	800円	2600円
5km	400円	1000円	3250円

うーん、このプログラムどう理解したらいいの？　ややこしいね

for文の入れ子ってはじめてだと理解しにくいのよね。こういうときは、for文を使わずに書くとどうなるかを考えてみるといいかも

c3_7_3.py

```
001 print('\t学生\t大人\t家族')
002 distance = 1 ………… 外側の繰り返しに相当
003 print(f'{distance}km', end='\t')
004 price = 80 ………… 内側の繰り返しに相当
005 print(f'{price * distance}円', end='\t')
006 price = 200 ………… 内側の繰り返しに相当
007 print(f'{price * distance}円', end='\t')
```

```
008 price = 650 ············内側の繰り返しに相当
009 print(f'{price * distance}円', end='\t')
010 print()
011
012 distance = 2 ············外側の繰り返しに相当
013 print(f'{distance}km', end='\t')
014 price = 80 ············内側の繰り返しに相当
015 print(f'{price * distance}円', end='\t')
016 price = 200 ············内側の繰り返しに相当
017 print(f'{price * distance}円', end='\t')
018 price = 650 ············内側の繰り返しに相当
019 print(f'{price * distance}円', end='\t')
020 print()
021
022 distance = 3 ············外側の繰り返しに相当
023 print(f'{distance}km', end='\t')
024 price = 80 ············内側の繰り返しに相当
025 print(f'{price * distance}円', end='\t')
026 price = 200 ············内側の繰り返しに相当
027 print(f'{price * distance}円', end='\t')
028 price = 650 ············内側の繰り返しに相当
029 print(f'{price * distance}円', end='\t')
030 print()
031 ……後略……
```

ずいぶん長くなった！　なるほど、distanceとpriceを変えながら、2つを掛けた結果を表示しているんだ。だから繰り返しの中で繰り返しているのね

繰り返しのプログラムが理解しきれないときは、こんな感じに展開してみるといいよ

Section 8 繰り返し処理でリストをすばやく作る

さっき、繰り返しを使って10おきの数列を表示したよね

「10、20、30、40、50……」ってやつだっけ？

こういう数列は、結果がリストでよければ、もっと簡単に作る方法があるよ

内包表記でリストを作る

内包表記は、繰り返し処理を使ってリストを作る文法です。リストの中にfor文が入ったような書き方をします。このforは文ではなく、内包表記の一部になるので**for句**といいます。

内包表記の書式

```
リストを入れる変数 = [式 for 変数 in イテラブル]
```

数列を内包表記で作ってみましょう。単に10おきの数列だと内包表記を使う必要がないので（P.113参照）、ここではrange関数で1～9を生成し、それを二乗した数列を作成します。

c3_8_1.py

```
001 numlist = [x ** 2 for x in range(1, 10)]
002 print(numlist)
```

実行結果

```
[1, 4, 9, 16, 25, 36, 49, 64, 81]
```

意味がよくわからないな。「x ** 2 for x」ってどういうこと？
1つのxだけじゃダメなの？

2つ目のxはfor句が要素を入れる変数で、それが1つ目のxに反映されるの。別の例を見てみましょう

次の例では、変数xの値をフォーマット済み文字列に差し込んでいます。

c3_8_2.py

```
001  numlist = [f'{x}点' for x in range(10, 100, 10)]
002  print(numlist)
```

実行結果

```
['10点', '20点', '30点', '40点', '50点', '60点', '70点', '80点', '90点']
```

あ、わかりそう……。だけど、もうひと押し

じゃあ、同じ結果を出すプログラムを、for文を使って書いてみましょう

内包表記と同じ結果を出すプログラムをfor文で作るには、まず要素が入っていない**空のリスト**を用意します。そして、appendメソッド（P.73参照）を使って、リストに要素を追加していきます。

c3_8_3.py

```
001  numlist = [] ············空のリストを作る
002  for x in range(10, 100, 10): ············for文
003      numlist.append(f'{x}点') ············変数xの値を加工してリストに追加
004  print(numlist)
```

実行結果

```
['10点', '20点', '30点', '40点', '50点', '60点', '70点', '80点', '90点']
```

なるほど、for文のブロックの中に書く部分を、内包表記のforの前に書くのね

そういうこと。for文みたいに複数行にわたる処理は書けないけど、内包表記の目的は繰り返しデータから手軽にリストを作ることだから問題ないの

if句で条件を追加する

内包表記には、for句の他にif句を追加することができます。if句の条件式の結果がTrueのときだけ値がリストに追加されるので、値の選別に使えます。

内包表記のif句

```
リストを入れる変数 = [式 for 変数 in イテラブル if 条件式]
```

次のプログラムは、正負が混ざった適当な数値が入ったリストから、「if x >= 0」というif句を使って負の値を取り除き、正の値のみの新しいリストを生成しています。

c3_8_4.py

```
001 numlist = [-12, 20, 32, -8, 19]
002 positive_numlist = [x for x in numlist if x >= 0]
003 print(positive_numlist)
```

実行結果

```
[20, 32, 19]
```

へー、これまたどうしてこうなるのか不思議議〜

これもfor文とif文を使ったプログラムに置き換えるとわかりやすいかもね

c3_8_5.py

```
001 numlist = [-12, 20, 32, -8, 19]
002 positive_numlist = []
003 for x in numlist:
004     if x >= 0:
005         positive_numlist.append(x)
006 print(positive_numlist)
```

実行結果

```
[20, 32, 19]
```

なるほど、「for文のブロック内のif文」が内包表記だと1行になってるのね

そういうこと。内包表記には複数のfor句やif句を入れることもできるから、奥が深いわよ。複雑になりすぎない範囲でいろいろ挑戦してみてね

確かに、内包表記はあんまり複雑にしすぎると自分でもわからなくなっちゃいそうだね。できる範囲で使ってみるよ

単純にrange(10, 100, 10)をリストにしたい場合は、内包表記を使うまでもありません。組み込みのlist関数を使って、range関数の戻り値（rangeオブジェクト）をリストに変換します。

```
numlist = list(range(10, 100, 10))
```

9 Section

条件式を使って処理を繰り返すwhile文

Pythonには、for文の他にも繰り返しのための文があるの。それがwhile（ホワイル）文よ

ふーん。for文と何が違うの？

for文は「値の集まり」をもとに繰り返すけど、while文は条件を満たす間繰り返すんだよ

while文を使って対話型プログラムを作る

while文の書式はif文と似ています。whileのあとに半角空けて条件式と「:（コロン）」を書き、インデントして繰り返したい処理を書きます。

while文の書式

```
while 条件式:
    繰り返したい処理
```

while文の用途はいろいろあるのですが、代表的なものに**対話型プログラムの繰り返し処理**があります。これまで作ってきたプログラムは1回実行したらすぐに終了していましたが、while文を使えばユーザーが終了を指示するまで繰り返すようにできます。

次のプログラムはユーザーが0を入力するまで、数値を変数totalに足し続けます。

c3_9_1.py

```
001  total = 0 ………… 合計を入れる変数
002  text = '' ………… 入力値を入れる変数
003  while text != '0': ………… 入力値が0でなければ繰り返す
```

```
004     text = input('数字を入力 (0で終了) ') ………… ユーザーに入力を求める
005     total += int(text) ………… 数値に変換して足す
006     print(total)
```

実行結果

```
数字を入力 (0で終了) 8
8
数字を入力 (0で終了) 3
11
数字を入力 (0で終了) 5
16
数字を入力 (0で終了) 7
23
数字を入力 (0で終了) 0
23
```

あー、何度も実行しなくて済むのはいいね！

無限ループにご注意

while文は条件を満たさなくなったら終了するのですが、条件の指定を間違えると無限に繰り返してしまいます。このような終わらない繰り返しを**無限ループ**といいます。

次のプログラムは変数valueの値が0以上であれば繰り返しますが、0未満になることがないため無限ループになります。無限ループを終了させたいときは Ctrl + C キーを押してください。それでも止まらないときは、IDLEのウィンドウを閉じてください。

c3_9_2.py

```
001 value = 0
002 while value >= 0:
003     value += 1
004     print(value)
```

Section 10 繰り返しを制御する文

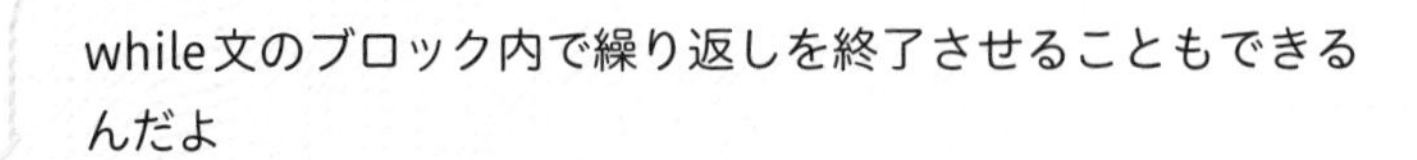

while文のブロック内で繰り返しを終了させることもできるんだよ

どういうときに使うの？　ちょっと思いつかないけど

使い道は実際の例を見てもらうとわかりやすいかな。それじゃ、繰り返しの流れを制御するbreak文とcontinue文を紹介するね

繰り返しを終了するbreak文

繰り返しの流れを制御する文に、**break（ブレーク）文**や**continue（コンティニュー）文**があります。break文は、for文やwhile文による繰り返しを終了します。次のプログラムは、対話型プログラムをbreak文で終了するようにしたものです。

c3_10_1.py

```
001  total = 0
002  while True:
003      text = input('数字を入力（0で終了）')
004      if text == '0':
005          break ………… 入力値が0なら繰り返し終了
006      total += int(text)
007      print(total)
```

実行結果

```
数字を入力（0で終了）2
```

```
2
数字を入力（0で終了）9
11
数字を入力（0で終了）0
```

前はwhile文に繰り返す条件を指定していたけど、今度は終了条件を指定してbreak文で終了したわけ。終了条件が複数ある場合などは、こちらのほうが書きやすいよ

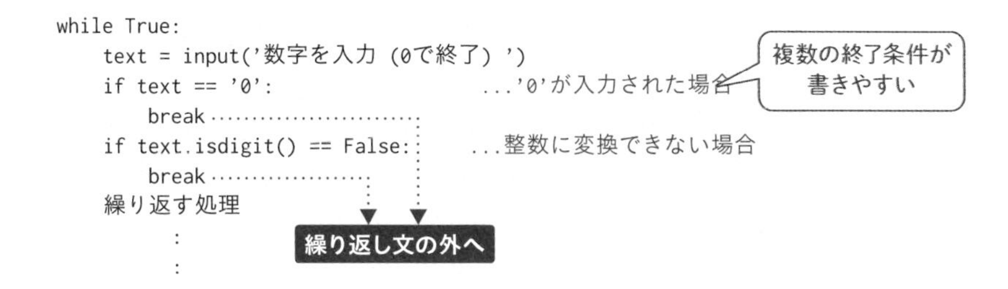

ところで、while文の条件がTrueになってるよね。どういうこと？

while文では終了条件を判定せず繰り返す、ということ。中断する処理をwhileブロックにちゃんと書いておけば無限ループにしてもいいんだよ

処理を1回スキップするcontinue文

continue文は、繰り返し処理の先頭にジャンプします。そうするとcontinue文よりあとの処理は実行されなくなるため、わかりやすくいえば繰り返し処理が1回分スキップされます。

次のプログラムは、リストの値が負のときはそれ以降の処理をスキップします。

c3_10_2.py

```
001 numlist = [40, -10, 83, -2, 15]
002 for x in numlist:
003     if x < 0:
004         continue ............xが負の値のときは以降の処理をスキップする
005     print(f'値は{x}')
```

実行結果

```
値は40
値は83
値は15
```

これ、continue文使わなくてもできるよね？
「if x >=0: (改行) print(f'値は{x}')」って感じに

よく気付いたね。繰り返す処理が1行ぐらいならそのほうがいいよ。でも、繰り返す処理が長い場合は、continue文を使うとインデントを深くせずに済むよ

```
for x in numlist:◀.......
    if x < 0:           :
        continue ........:
    繰り返す処理
    繰り返す処理
        :
        :
```

```
for x in numlist:
    if x >= 0:
        繰り返す処理
        繰り返す処理
        繰り返す処理
            :
            :
```

こちらのほうが
インデントが深くなる

確かにインデントが深くならないね

これだと、繰り返し処理すべきかどうかのチェックを上のほうにまとめられるから、プログラムの構造を把握しやすくなってるよね

繰り返し文にもelse節を付けられる

for文やwhile文にelse節を加えることができます。else節の処理は繰り返しが正常終了したときに実行され、break文で繰り返しを中断したときには実行されません。

c3_10_3.py

```
001 numlist = [40, 10, 83, -2, 15]
002 for x in numlist:
003     if x < 0:
004         break ............xが負の値だったら繰り返し中断
005     print(f'値は{x}')
006 else:
007     print('正常終了') ............else節の処理
```

実行結果

```
値は40
値は10
値は83 ............break文で中断するため、「正常終了」は表示されない
```

動作が直感的でないので多用は禁物ですが、繰り返しが最後まで到達したときと中断したときを区別する必要があったら使ってみましょう。

コラム：文、節、式

これまで何となく使ってきた「文」「節」「式」などの用語を簡単に整理してみましょう。文には「単純文」と「複合文」があり、break文やcontinue文のように1行で完結するものは単純文です。if文やfor文のように、ブロック内に他の文を入れられるものを複合文といい、elseやelifなどの「節」を持つものもあります。

また、「式」は「値」や「演算子」などから構成され、文の一部になります。式しか書かれていない文は「式文」といい、それだけで1つの単純文です。

これらの区別ができなくてもプログラムを書くことはできますが、興味が出てきたら、公式ドキュメントの「単純文」「複合文」の解説を読んでみてください。

- Python言語リファンレンス | 7. 単純文 (simple statement)
  https://docs.python.org/ja/3/reference/simple_stmts.html

- Python言語リファンレンス | 8. 複合文 (compound statement)
  https://docs.python.org/ja/3/reference/compound_stmts.html

シンプルなfor文やif文、while文の書き方は理解したけど、
複雑になるとちょっとまだ自信ないな

一度に全部覚える必要はないよ。実際に書いたり、読み返したりして覚えよう

まとめ

- 比較演算子を使うと条件式を書くことができる。その結果はTrueかFalseになる
- 条件式がTrueのときに処理を実行したいときはif文を使う
- if文にはif節、elif節、else節を持たせられる
- リストなど複数の値をもとに処理を繰り返したいときはfor文を使う
- 連続する数値がほしいときはfor文とrange関数を組み合わせる
- 繰り返しデータからリストを作りたいときは内包表記を使う
- 条件を満たす間、処理を繰り返したいときはwhile文を使う
- 繰り返し処理は、break文、continue文で制御できる

Chapter 4

ライブラリでPythonはもっと楽しくなる

標準ライブラリはバッテリー？

さて、基礎ばっかりだと退屈だから、「標準ライブラリ」を使ってちょっと実用的なことをやってみよう！

ライブラリって図書館だよね？

そう、ライブラリはPythonのプログラムに追加できる便利な機能の図書館なんだ。最初から実用的なライブラリが付いていることから、「Pythonはバッテリー付き」ともいわれるんだよ

何でバッテリーなの？　便利な機能がついてくるなら「USBメモリ付き」のほうが近くない？

「電池同梱だから買ってすぐ遊べる」みたいな意味だね。ちなみに、Pythonが登場したのは、まだUSB規格がなかった時代だよ

モジュールとインポート

標準ライブラリに収録されている、個々の機能が書かれたファイルを**モジュール**といいます。モジュールに対して**インポート**という操作を行うと、モジュールの中のオブジェクトや関数などを利用できるようになります。

ここでは、まずインポート方法を説明したあと、次の3つのモジュールを紹介します。

- **日付データを扱うdatetimeモジュール**
- **ファイル操作を行うpathlibモジュール**
- **正規表現を扱うreモジュール**

標準ライブラリにはものすごくたくさんのモジュールがあります。その他については公式ドキュメントで確認してください。

- Python 標準ライブラリ
  https://docs.python.org/ja/3/library/index.html

また、標準ライブラリ以外にも、数多くの**サードパーティ製ライブラリ**が存在します。これらについてはChapter 6で解説します。

ふーん、私はデータサイエンスとかやってみたいかな。よくわからないけどカッコよさそうだし

そういうのはサードパーティ製ライブラリだね。でも、ここで紹介する標準ライブラリのモジュールは高度なデータ分析でも必須だからまずは基本から身に付けよう！

import文の使い方を覚えよう

まずはモジュールをインポートする方法から説明しよう。いくつかのやり方があるよ

とりあえず面倒だから１つだけ教えて！

それだと他の人のプログラムを読むときに困るから、ひと通り覚えようね

一番シンプルなインポート

一番シンプルなものは、import文のあとにモジュール名を書く方法です。この方法でインポートすると、**「モジュール名.名前」**という形式でモジュール内のオブジェクトや関数を使えるようになります。

import文の書式①

```
import モジュール名
```

IDLEのシェルウィンドウを使って試してみましょう。次のセクションで使用するdatetimeモジュールにはdateオブジェクトが入っています。このdateオブジェクトを使えるようにします。

```
IDLE Shell 3.9.1
File Edit Shell Debug Options Window Help
Python 3.9.1 (tags/v3.9.1:1e5d33e, Dec  7 2020, 17:08:21) [MSC v.1927 64 bit (AM
D64)] on win32
Type "help", "copyright", "credits" or "license()" for more information.
>>> datetime.date
Traceback (most recent call last):
  File "<pyshell#0>", line 1, in <module>
    datetime.date
NameError: name 'datetime' is not defined
>>>
```

インポート前に「datetime.date」と入力するとNameError

当然ですが、インポート前はdatetimeモジュールのオブジェクトは使えません。「名前が理解できない」という意味のNameErrorが表示されます。次はdatetimeモジュールをインポートしてからdateオブジェクトを使ってみましょう。

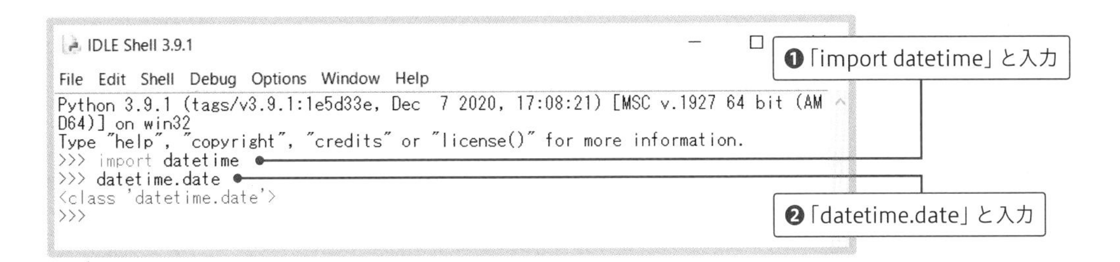

dateオブジェクトが使えるようになった証拠として「<class 'datetime.date'>」と表示されます。実際の使い方は次の節で説明しますが、とりあえずエラーにはならなくなりました。

ここに表示されている「class（クラス）」はオブジェクトの設計図みたいなもので、Chapter 5で説明するよ

ちなみに「datetime」とだけ入力すると、datetimeがモジュールであることやファイルの保存場所を確認できます。

```
IDLE Shell 3.9.1
File Edit Shell Debug Options Window Help
Python 3.9.1 (tags/v3.9.1:1e5d33e, Dec  7 2020, 17:08:21) [MSC v.1927 64 bit (AMD64)] on win32
Type "help", "copyright", "credits" or "license()" for more information.
>>> import datetime
>>> datetime
<module 'datetime' from 'C:¥¥Users¥¥ohtsu¥¥AppData¥¥Local¥¥Programs¥¥Python¥¥Python39¥¥lib¥¥datetime.py'>
>>>
```

「datetime」と入力すると、「<module 'datetime' from 'ファイルの場所'>」が表示される

モジュールの一部だけインポートする

モジュールの中には複数のオブジェクトや関数が入っていることもあり、書式①でインポートするとすべてが読み込まれます。使いたいオブジェクトや関数だけインポートしたいときは、次の書式を使います。

import文の書式②

```
from モジュール名 import 名前
```

「名前」の部分にはオブジェクト名（クラス名）や関数名を書きます。この書式でインポートした場合、利用時に「モジュール名.」を省略できるようになります。例えば、dateオブジェクトなら、「datetime.date」ではなく「date」と書くだけで利用できます。

へー。短く書けるのは便利だね

その代わり「date」って名前を、変数などで使いにくくなるといったデメリットもあるよ

```
IDLE Shell 3.9.1
File  Edit  Shell  Debug  Options  Window  Help
Python 3.9.1 (tags/v3.9.1:1e5d33e, Dec  7 2020, 17:08:21) [MSC v.1927 64 bit (AM
D64)] on win32
Type "help", "copyright", "credits" or "license()" for more information.
>>> from datetime import date
>>> date
<class 'datetime.date'>
>>>
```

❶「from datetime import date」と入力

❷「date」と入力

モジュールからインポートしたいものが複数ある場合は、「,(カンマ)」で区切って指定します。

複数インポートするパターン

```
from datetime import date, timedelta
```

別名を付けてインポートする

モジュール名が非常に長くて入力しにくい場合は、「as」を追加して別名を付けることができます。

import文の書式③

```
import モジュール名 as 別名
```

```
from モジュール名 import 名前 as 別名
```

まず、モジュール名に別名を付ける方法を試してみましょう。

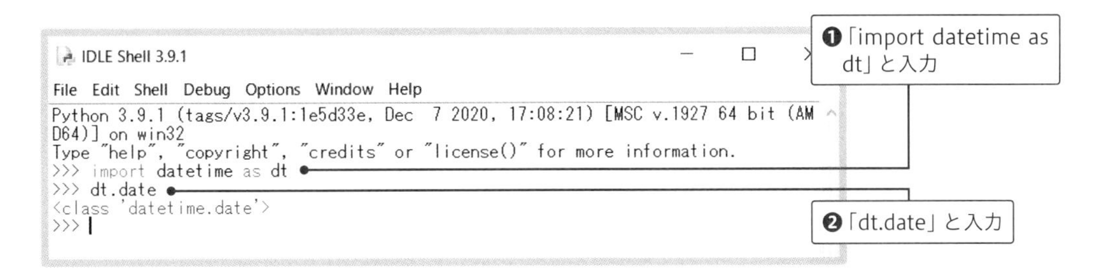

datetimeにdtという別名が付けられたため、「dt.date」でdateオブジェクトが利用できるようになります。

今度はdateオブジェクトに別名を付けてみましょう。

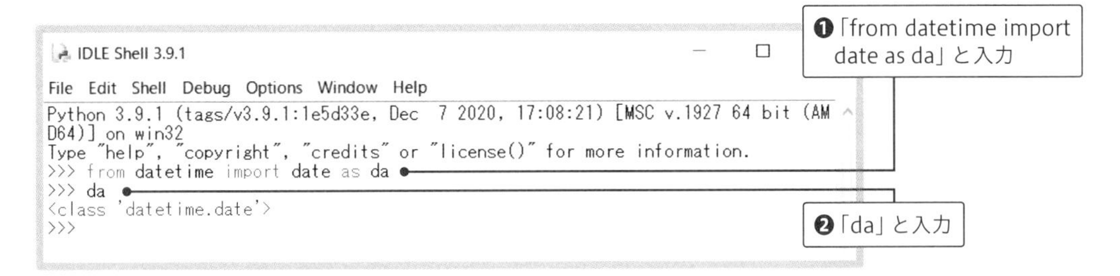

これなら短くていいね！

例としてやってみたけど、「datetime」や「date」ぐらいの長さで別名を付けるのはおすすすめしないよ。他の人が読むときに「dt」「da」じゃわかりにくいし

じゃあ、どういうときならいいの？

Chapter 6で説明するサードパーティ製ライブラリだと、パッケージ名が入ってきてかなり長くなることがあるから、そういうときに使うんだよ

3 Section 日付時刻を扱うdatetime

さっきインポートしたdatetimeモジュールを実際に使ってみよう。日付や時刻のデータを扱うためのものだよ

スケジュール管理したり、作業日数計算したり、いろいろ使いどころありそうだね

日付時刻って月の日数がバラバラだったり、60進法と12進法が混ざってたりややこしいので、モジュールを使わないと大変なのよね

datetimeモジュールが持つ機能

datetimeモジュールには、日付や時刻を扱うオブジェクトがいくつか入っています。date、time、datetimeオブジェクトが扱う日付時刻は、ローカルな日時、つまり現在の場所（本書では日本）の日時です。他の地域の日時が必要な場合はtimezoneオブジェクトを利用します。また、日時の計算を行うために、時間差を表すtimedeltaオブジェクトが用意されています。

- datetime --- 基本的な日付型および時間型
  https://docs.python.org/ja/3/library/datetime.html

- **datetimeモジュールのオブジェクト**

オブジェクト	扱うもの
date	日付
time	時刻
datetime	日付と時刻を組み合わせたもの
timedelta	2つの日付時刻の時間差を表す
timezone	タイムゾーン。世界標準時（UTC）との時差を扱うクラス

日時を表すオブジェクトを作る

日付と時刻をまとめて扱えるdatetimeオブジェクトを使ってみましょう。

現在の日時を表すdatetimeオブジェクトを作成したい場合は、**nowメソッド**を呼び出します。

c4_3_1.py

```
001 from datetime import datetime
002 dt_now = datetime.now() ············現在の日時
003 print(dt_now)
```

実行結果

```
2020-12-25 19:32:03.500528 ············実行したときの日時が表示される
```

特定の日時を表すdatetimeオブジェクトを作成したい場合は、**datetime関数**の引数に年月日（必要なら時、分、秒も）を指定します。

c4_3_2.py

```
001 from datetime import datetime
002 dt_gantan = datetime(2021,1,1) ············2021年1月1日
003 print(dt_gantan)
```

実行結果

```
2021-01-01 00:00:00
```

時間を指定しない場合は0時0分0秒になるんだね

datetimeオブジェクトのyear、month、dayなどを利用して、年や月、日、時の数値を取り出すことができます。year、month、dayなどは読み取り専用なので、ここで日時を変更することはできません。

c4_3_3.py

```
001 from datetime import datetime
002 dt_now = datetime.now()
003 print(dt_now)
```

```
004  print(dt_now.year, dt_now.month, dt_now.day) ·············年、月、日を表示
005  print(dt_now.hour, dt_now.minute, dt_now.second) ·············時、分、秒を表示
006  print(dt_now.microsecond) ·············マイクロ秒を表示
```

実行結果

```
2020-12-25 20:14:18.655395
2021-01-01 00:00:00
2020 12 25
20 14 18
655395
```

マイクロ秒なんてものまで記録してるんだ！

マイクロ秒は100万分の1秒。1秒より短い時間を計りたいときに使うの

日付の表示形式を指定する

フォーマット済み文字列（P.53参照）を使うと、日付時刻の表示形式を指定することができます。変数名のあとに「:（コロン）」を付け、書式指定子を書きます。

c4_3_4.py

```
001  from datetime import datetime
002  dt_now = datetime.now()
003  print(f'{dt_now:%Y年%m月%d日}')
004  print(f'{dt_now:%y年の%Bの%A}')
005  print(f'{dt_now:%H時%M分%S秒}')
006  print(f'{dt_now:%p%I時}')
```

実行結果

```
2020年12月25日
20年のDecemberのFriday
20時48分16秒
PM08時
```

● 日付の書式指定子（抜粋）

指定子	意味
%A	曜日。表記はロケール（地域情報）に従う
%w	曜日を10進表記した文字列（0が日曜日、6が土曜日）を表示
%B	月名。表記はロケール（地域情報）に従う
%m	ゼロ埋めした月
%y	ゼロ埋めした世紀なしの年（2桁）
%Y	西暦（4桁）の年
%H	ゼロ埋めした時（24時間表記）
%I	ゼロ埋めした時（12時間表記）
%p	AMもしくはPM
%M	ゼロ埋めした分
%S	ゼロ埋めした秒

● strftime() と strptime() の書式コード
https://docs.python.org/ja/3/library/datetime.html#strftime-and-strptime-format-codes

曜日は英語だね。日本語で表したいときはどうするの？

ちょっと手間だけど、weekdayメソッドで曜日を表す数値を取得して、置き換えたらどうかな

weekdayメソッドは月曜を0とする整数を返すので、それを使えば曜日を表す文字列に置き換えることができます。

c4_3_5.py

```
001 from datetime import datetime
002 dt_now = datetime.now()
003 wdtuple = ('月', '火', '水', '木', '金', '土', '日') ………… 曜日のタプル
004 wd = dt_now.weekday() ………… weekdayメソッドの戻り値を変数wdに代入
005 print(wdtuple[wd]) ………… 変数wdをwdtupleのインデックスに使う
```

実行結果

```
金
```


時間差を表すtimedeltaオブジェクトを使ってみよう

timedeltaオブジェクトは時間差を表すもので、日付時刻の計算に使えます。timedeltaオブジェクトに指定できる引数は、weeks、days、hours、minutes、seconds、milliseconds、microsecondsです。例えば10日後の日付を求めたい場合は、10日を表すtimedeltaオブジェクトを作成し、それをdatetimeオブジェクトに足します。

c4_3_6.py

```
001 from datetime import datetime, timedelta
002 dt_start = datetime(2021, 4, 1)
003 td = timedelta(days=40) ………… 40日を表すtimedeltaオブジェクト
004 dt_end = dt_start + td ………… 開始日に足す
005 print(dt_start)
006 print(dt_end)
```

実行結果

```
2021-04-01 00:00:00
2021-05-11 00:00:00
```

へー、日付って足し算できるんだ

引き算もできるよ！

datetimeオブジェクト同士の引き算の結果は、timedeltaオブジェクトになります。**days**で日数を、**seconds**で秒数を、**microseconds**でマイクロ秒数を取り出せます。ただし、secondsプロパティが返すのは「50 days, 0:00:00」であれば0です。その期間を秒で表したものがほしい場合は**total_seconds**メソッドを使います。

c4_3_7.py

```
001 from datetime import datetime, timedelta
002 dt_start = datetime(2021, 4, 1)
003 dt_end = datetime(2021, 5, 21)
004 td = dt_end - dt_start ············終了日から開始日を引く
005 print(td)
006 print(f'{td.days}日') ············日数のみを表示
007 print(f'{td.total_seconds()}秒') ············総秒数を表示
```

実行結果

```
50 days, 0:00:00
50日
4320000.0秒
```

timedeltaオブジェクトは、足し算、引き算の他に「10日×3」「60秒÷2」みたいな掛け算や割り算もできる。いろいろ試してみてね

ふーん。要するに普通の数値みたいに扱えるのね

ファイルを扱うpathlib

今度はpathlib（パスリブ）を使ってみよう。ファイルを扱うためのモジュールだよ

ファイル操作かー。あんまり使わなそう

いやいや、ファイルを開いて処理することって結構あるから、出番は少なくないよー

pathlibモジュールが持つ機能

path（パス）は、ファイルやフォルダの場所を表す文字列のことで、その名前を持つpathlibモジュールはファイル操作全般が行えます。ファイルやフォルダの作成、リネーム、削除、移動、一覧取得などを行い、ファイルを読み書きすることもできます。

pathlibはいくつかのオブジェクト（クラス）を持ちますが、通常利用するのは**Path（パス）オブジェクト**だけです。ただし、Pathオブジェクトは数十個のメソッドやプロパティ（変数のようなもの）を持っており、すべてを覚えるのはちょっと大変です。ここではその一部だけ紹介するので、興味がある方は公式ドキュメントを確認してください。

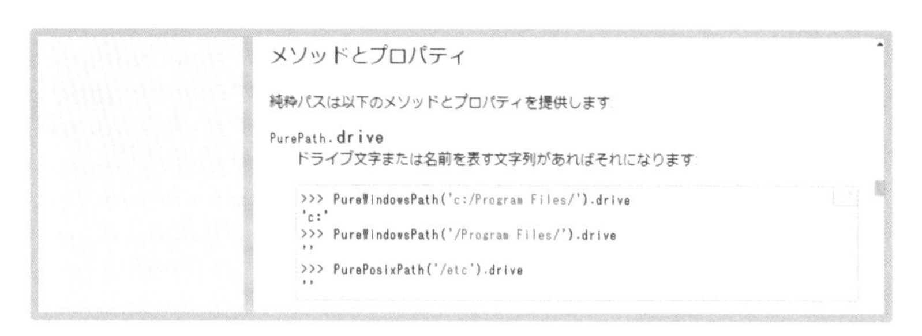
メソッドとプロパティ

純粋パスは以下のメソッドとプロパティを提供します:

PurePath.drive
ドライブ文字または名前を表す文字列があればそれになります:

```
>>> PureWindowsPath('c:/Program Files/').drive
'c:'
>>> PureWindowsPath('/Program Files/').drive
''
>>> PurePosixPath('/etc').drive
''
```

- pathlibのメソッドとプロパティ
https://docs.python.org/ja/3/library/pathlib.html#methods-and-properties

ファイル一覧を取得する

フォルダ内にあるファイル／フォルダの一覧を取得したい場合は、Pathオブジェクトの**glob（グロブ）メソッド**を利用します。globメソッドはファイル（Pathオブジェクト）のイテレータ（P.71参照）を返すので、for文と組み合わせて使うことができます。

c4_4_1.py

```
001 from pathlib import Path
002 current = Path() ············現在のフォルダを表すPathオブジェクトを作成
003 for path in current.glob('*'): ············フォルダ内にあるファイルとフォルダの一覧を取得
004     print(path) ············繰り返し処理でパスを1つずつ表示
```

実行結果

```
c2_10_1.py
c2_10_2.py
c2_10_3.py
c2_11_1.py
c2_11_2.py
……後略……
```

2行目の「Path()」がPathオブジェクトを作成しています。引数を何も指定しない場合、**現在のフォルダ（そのプログラムファイルが存在するフォルダ）**が対象となります。他のフォルダ内を一覧表示したい場合は、引数にファイルパスを指定してください。

c4_4_1.py

```
001 from pathlib import Path
002 current = Path('c:/Users/public') ············ファイルパスを指定した場合
003 for path in current.glob('*'):
004     print(path)
```

実行結果

```
c:\Users\public\AccountPictures
c:\Users\public\Desktop
```

```
c:\Users\public\desktop.ini
c:\Users\public\Documents
c:\Users\public\Downloads
c:\Users\public\Facebook Games
c:\Users\public\Libraries
c:\Users\public\Music
……後略……
```

ファイルの一覧を表示できたのはいいけど、それが何かの役に立つの？

ファイルの一覧が取得できれば、それらを順番に開ける。何かのデータファイルを順番に開いて集計したり、画像ファイルを開いて加工したりとか、いろいろな自動処理の基礎になるんだよ

globメソッドの引数には、取得したいファイルのパターン文字列を指定します。「*（アスタリスク）」がさまざまな文字列を意味する**ワイルドカード**となるので、それと拡張子などを組み合わせて目的のファイルを指定します。

● globメソッドのファイルパターン例

パターン	働き
*	ファイル、フォルダを区別せずに取得
.	「名前.拡張子」形式のあらゆるファイルを取得（名前に「.」を含むフォルダも取得）
*.拡張子	指定した拡張子のファイルを取得（*.py、*.jpgなど）
a*	aで始まるファイルやフォルダを取得。もちろんb*やc4*でもよい
**/*	現在のフォルダの下層にあるサブフォルダ内もすべて検索する。他のパターンと組み合わせて、**/*.txt（サブフォルダ内も含めた拡張子txtの全ファイル）などの指定もできる

最後の**/*というパターンは、サブフォルダの中まで一気に調べられるから、結構便利だよ

テキストファイルを読み込む

Pathオブジェクトの**read_textメソッド**を利用すると、テキストファイルを読み込むことができます。フォルダ内にあるすべてのテキストファイルの内容を読み込み、それを表示してみましょう。

c4_4_2.py

```
001 from pathlib import Path
002 current = Path()
003 for path in current.glob('*.txt'): ············現在のフォルダ内のテキストファイルを取得
004     content = path.read_text(encoding='utf-8') ············テキストファイルを読み込む
005     print(f'=== {path}') ············テキストファイルのパスを表示
006     print(content) ············テキストファイルの内容を表示
```

c4_4_2.pyと同じフォルダ内にいくつかテキストファイル（拡張子がtxtのファイル）が入っているとします。

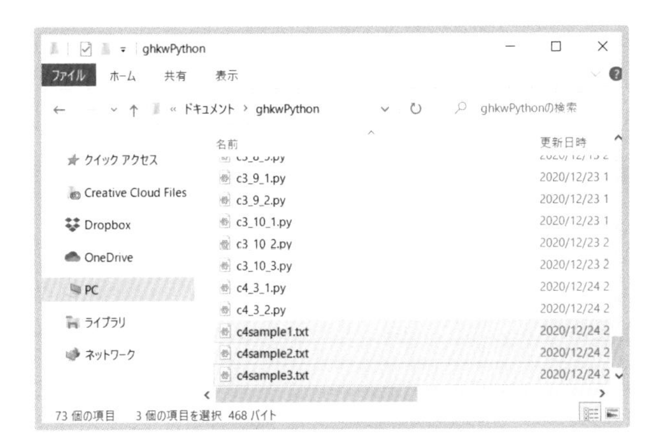

この状態でc4_4_2.pyを実行すると、ファイル名とファイルの内容が順番に表示されます。

実行結果

```
=== c4sample1.txt
absolute
as_posix
……中略……
```

```
=== c4sample2.txt
is_absolute
is_block_device
……中略……
=== c4sample3.txt
iterdir
joinpath
……後略……
```

read_textメソッドの**引数encoding**には、読み込みたいファイルの文字コードを指定します。文字コードは文字を表す番号のことで、テキストファイル内で使われている文字コードと、読み込み時に指定した文字コードが合っていないとエラーが発生します。引数encodingに指定できる文字列は「utf-8」「shift-jis」「euc-jp」などがあります。

文字コードが問題になるのは日本語の文字が含まれている場合なので、半角英数字しか使われていないファイルだけなら引数を省略しても読み込めるよ

テキストファイルに書き込む

テキストファイルに書き込みたい場合は、**write_textメソッド**を利用します。先ほどのc4_4_2.pyと同じように、順番にテキストファイルを読み込み、その内容を連結してoutput.txtという名前で保存してみましょう。

c4_4_3.py

```
001 from pathlib import Path
002 text = ''
003 current = Path()
004 for path in current.glob('c4sample*.txt'):
005     content = path.read_text(encoding='utf-8')
006     text += content ············読み込んだ内容を連結
007 target = Path('output.txt') ············保存先ファイルのパス
```

```
008  target.write_text(text, encoding='utf-8')
```
…………連結した内容を書き込み

globメソッドの引数が「*.txt」のままだと、書き出し先のoutput.txtも対象になってしまうため、「c4sample*.txt」に変えています。

プログラムを実行すると、フォルダ内にoutput.txtが作られます。メモ帳などで開いて中身を確認しましょう。

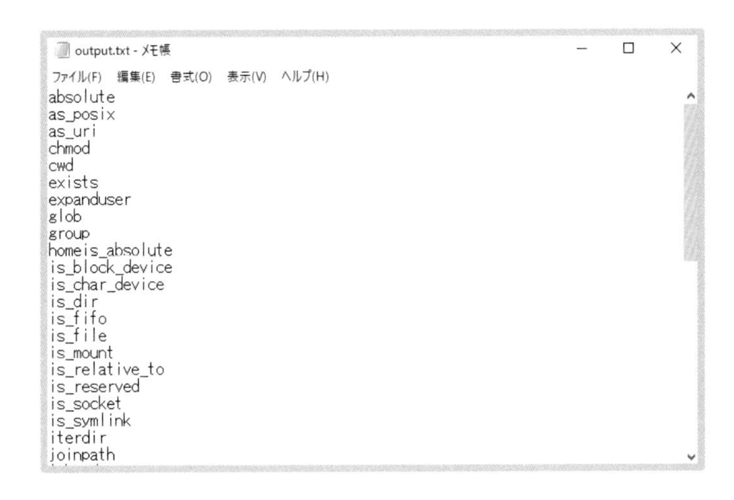

プログラムの実行結果をファイルに書き出せるのはちょっとうれしいかも。ただ、テキストファイルを開いて保存するだけだと、まだまだ実用的って感じはしないね

そうね。次に紹介する文字列のメソッドを組み合わせたら、もっと実用的なプログラムにできると思うよ

5 Section テキストファイルを文字列操作する

次は読み込んだテキストファイルに対して、文字列操作をしてみよう。文字列は組み込み型だから、インポートとかしなくてもメソッドを使えるよ

「組み込み○○」って言葉、これまでも時々出てきてるよね。組み込み関数とか

built-inの訳なんだけど、誰でもよく使うから特に設定しなくても使えるようPythonに組み込まれてるってことね

strオブジェクトが持つ機能

文字列、つまりstrオブジェクトは、文字列操作のためのさまざまなメソッドを持っています。大文字／小文字の変換、検索／置換、分割／結合などさまざまな操作ができるので、公式ドキュメントで何があるのかだけでも目を通しておくことをおすすめします。

文字列メソッド ¶

文字列は 共通の シーケンス演算全てに加え、以下に述べるメソッドを実装します。

文字列は、二形式の文字列書式化をサポートします。一方は柔軟さが高くカスタマイズできます (str.format()、 書式指定文字列の文法 、および カスタムの文字列書式化 を参照してください)。他方は C 言語の printf 形式の書式化に基づいてより狭い範囲と型を扱うもので、正しく扱うのは少し難しいですが、扱える場合ではたいていこちらのほうが高速です (printf 形式の文字列書式化)。

標準ライブラリの テキスト処理サービス 節は、その他テキストに関する様々なユーティリティ (re モジュールによる正規表現サポートなど) を提供するいくつかのモジュールをカバーしています。

str.capitalize()
　最初の文字を大文字にし、残りを小文字にした文字列のコピーを返します。

- 文字列メソッド
  https://docs.python.org/ja/3/library/stdtypes.html#string-methods

テキストファイルを行ごとに分割する

次のような「メソッド名,その解説」の形式で書かれたテキストファイルがあるとします。これを読み込んで、プログラムで利用しやすい形に加工していきます。

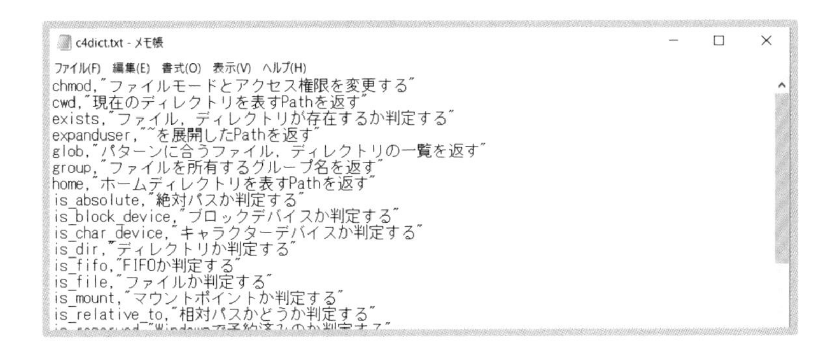

Pathオブジェクトのread_textメソッドで読み込んだ直後は、ファイル全体が1つの文字列になっています。1行が名前と解説のセットになっているため、1行ごとに分かれたデータになっていることが望ましいです。そこで、strオブジェクトの**splitlinesメソッド**を使って分割しましょう。

splitlinesメソッドは、行ごとに分割したリストを返します。行の終わりを表す改行コードはOSによって異なりますが、splitlinesメソッドならちゃんと処理して分割してくれます。

c4_5_1.py

```
001 from pathlib import Path
002 path = Path('c4dict.txt')
003 content = path.read_text(encoding='utf-8') ············テキストファイルを読み込み
004 lines = content.splitlines() ············行ごとに分割
005 print(len(lines), lines) ············行数（要素数）とリストを表示
```

実行結果

```
43 ['chmod,"ファイルモードとアクセス権限を変更する"', 'cwd,"現在のディレクトリを表すPathを返す"', 'exists,"ファイル, ディレクトリが存在するか判定する"', 'expanduser,"~を展開したPathを返す"', 'glob,"パターンに合うファイル, ディレクトリの一覧を返す"', 'group,"ファイルを所有するグループ名を返す"', 'home,"ホームディレクトリを表すPathを返す"', 'is_absolute,"絶対パスか判定する"', 'is_block_device,"ブロ
……後略……
```

テキストを辞書に記録する

行ごとに分割したら、次はそれを辞書に記録してみましょう。今回利用するデータは、メソッド名と解説がカンマで区切られています。そのため、カンマの部分で分割すれば、キーと値として使うことができます。

c4dict.txtの1行

```
exists,"ファイル，ディレクトリが存在するか判定する"
```

strオブジェクトの**splitメソッド**を利用すると、文字列を区切り文字のところで分割することができます。戻り値はリストです。文字列に複数のカンマが含まれているとその数だけ分かれてしまいますが、引数maxsplitで分割数を制限することができます。

c4_5_2.py

```
001 from pathlib import Path
002 path = Path('c4dict.txt')
003 content = path.read_text(encoding='utf-8')
004 lines = content.splitlines()
005 method_desc_dict = {} ············空の辞書を作成
006 for line in lines: ············for文で1行ずつ処理
007     item = line.split(',', maxsplit=1) ············カンマのところで1回分割
008     method_desc_dict[item[0]] = item[1].replace('"','') ············辞書に追加
009 print(method_desc_dict)
```

splitメソッドで分割すると、インデックス0にメソッド名、インデックス1に解説が入ります。解説は「"(ダブルクォート)」で囲まれていますが、これは不要です。辞書に追加する際に、**replaceメソッド**を使って「"」を空白文字に置換します。

実行結果

```
{'chmod': 'ファイルモードとアクセス権限を変更する', 'cwd': '現在のディレクトリを表すPath
を返す', 'exists': 'ファイル，ディレクトリが存在するか判定する', 'expanduser': '~を展開
したPathを返す', 'glob': 'パターンに合うファイル，ディレクトリの一覧を返す',
……後略……
```

辞書になってプログラムで処理しやすくなったんだろうけど、実際にどう役に立つのかな……？

それじゃ、この辞書を使って、対話型プログラムを作ってみよう。メソッド名の意味を調べられるヘルプだよ

対話型プログラムにしてみよう

対話型プログラムには、Chapter 3で解説したwhile文やbreak文を利用します。

c4_5_3.py

```
001 from pathlib import Path
002 path = Path('c4dict.txt')
003 content = path.read_text(encoding='utf-8')
004 lines = content.splitlines()
005 method_desc_dict = {}
006 for line in lines:
007     item = line.split(',', maxsplit=1)
008     method_desc_dict[item[0]] = item[1].replace('"','')
009 while True: ………… 無限ループ
010     text = input('名前を入力：') ………… ユーザーに入力させる
011     if text == 'q': ………… 「q」が入力されたら終了
012         break
013     print(method_desc_dict[text]) ………… 解説を表示
```

実行結果

```
名前を入力：chmod
ファイルモードとアクセス権限を変更する
名前を入力：exists
ファイル，ディレクトリが存在するか判定する
名前を入力：q
```

正規表現を扱うre

re（アールイー）は正規表現（せいきひょうげん）を扱うモジュールで、ちょっと複雑な文字列検索とかができるよ

しばらく前に「負の数や浮動小数点数をチェックしたければ、正規表現を使え」っていってたよね

そうそう。「マイナス符号」+「1つ以上の数字」+「.」+「1つ以上の数字」みたいなパターンで、文字列をチェックできるんだ

reモジュールと正規表現

正規表現（Regular Expression）は、文字列が一定のパターンに合致しているかを判定するために使われる記法です。入力した文字列が「メールアドレスかどうか」「日付かどうか」などを判定するために使われています。

本書では正規表現の特殊文字などについては解説を一部割愛します。Pythonドキュメントを参考にしてください。正規表現はPythonだけでなく、ほとんどのプログラミング言語で利用可能なものなので、ネット上の解説サイトや市販の解説書も数多く存在します。それらも参照してください。

目次

re --- 正規表現操作
- 正規表現のシンタックス
- モジュールコンテンツ
- 正規表現オブジェクト
- マッチオブジェクト
- 正規表現の例
  - ペアの確認
  - scanf() をシミュレートする
  - search() vs. match()
  - 電話帳を作る
  - テキストの秘匿

re --- 正規表現操作

ソースコード: Lib/re.py

このモジュールは Perl に見られる正規表現マッチング操作と同様のものを提供します。

パターンおよび検索される文字列には、Unicode 文字列 (str) や 8 ビット文字列 (bytes) を使います。ただし、Unicode 文字列と 8 ビット文字列の混在はできません。つまり、Unicode 文字列にバイト列のパターンでマッチングしたり、その逆はできません。同様に、置換時の置換文字列はパターンおよび検索文字列の両方と同じ型でなくてはなりません。

- re --- 正規表現操作
  https://docs.python.org/ja/3/library/re.html

reモジュールには、正規表現を使って検索、分割、置換などを行う関数が用意されています。

● reモジュールの主な関数

関数	働き
compile(pattern, flags=0)	正規表現オブジェクトを作成する
search(pattern, string, flags=0)	string内のpatternにマッチした最初の部分を返す
fullmatch(pattern, string, flags=0)	string全体がpatternにマッチするか判定
split(pattern, string, maxsplit=0, flags=0)	stringをpatternにマッチする部分で分割し、リストを返す
findall(pattern, string, flags=0)	string内のpatternにマッチしたすべての部分をリストで返す
sub(pattern, repl, string, count=0, flags=0)	string内のpatternにマッチした部分をreplに置換する

上記の関数に加え、compile関数が返す正規表現オブジェクトのメソッドも利用できます。メソッドの使い方は関数とほぼ同じです。

また、seacrh関数やfullmatch関数は、パターンにマッチするものが見つかったときはMatchオブジェクト（マッチした部分の情報が入っているオブジェクト）を返し、見つからなかったときは**None（ナン）**という値を返します。

Noneは Pythonに組み込まれた値で、「値が存在しない」ことを表すの。reモジュール以外でも使われるよ

「ない」と「None（ナン）」……。なんか似てる！

簡単なパターンで正規表現を使ってみる

正規表現のパターンでは、「.（ドット）」や「*（アスタリスク）」、「\d（バックスラッシュディー）」などの文字は特殊な意味を持ちます。これらを特殊文字といいます。特殊文字を使ったパターンを試してみましょう。

まず**compile（コンパイル）メソッド**を使って**正規表現オブジェクト**を作成します。正規表現は「\（バックスラッシュ）」をよく使うので、raw文字列（P.56参照）で記述してください。次に正規表現オブジェクトの**search（サーチ）メソッド**を呼び出して、パターンにマッチするかどうかを判定します。

c4_6_1.py

```
001 import re
002 textlist = ['amida', 'aiueo', 'amenbo', 'damascus'] ············判定する文字列のリスト
003 pattern = re.compile(r'a.*a') ············正規表現オブジェクトを作成
004 for text in textlist: ············リストに対して繰り返し
005     if pattern.search(text): ············判定
006         print(f'{text}はマッチする')
007     else:
008         print(f'{text}はマッチしない')
```

実行結果

```
amidaはマッチする
aiueoはマッチしない
amenboはマッチしない
damascusはマッチする
```

「a.*a」というパターンは「aで始まってaで終わる部分」にマッチするの

あれ？　pathlibモジュールで使ったglobメソッドのワイルドカードと同じ？

微妙に違うんだな。正規表現でワイルドカードに相当するのは「.*（ドットとアスタリスク）」。ルールはまったく別物だから気を付けてね

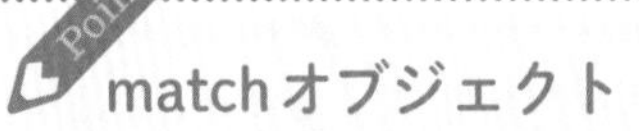

matchオブジェクト

reモジュールのいくつかのメソッドは、検索結果を表すmatch（マッチ）オブジェクトを返します。このオブジェクトからは、マッチした部分文字列の位置（start、endメソッド）や、マッチした部分（groupメソッド）を取得することができます。

単にsearchメソッドでパターンにマッチするかどうかを判定したい場合は、matchオブジェクトはif文でTrueと判定されるので、そのまま条件に使用します。

小数点を含む数値かどうか判定する

Chapter 3で紹介したisdigitメソッドは「数字のみか」しか判定できませんでした。正規表現を使って、小数点や正負の記号を含んでも判定できるようにしてみましょう。

c4_6_2.py

```
001 import re
002 textlist = [ …………判定する文字列のリスト
003     '65535',
004     '0.003333',
005     '-120',
006     '+80.5485',
007     'M140',
008     '12+85',
009     '43.25b',
010     ]
011 pattern = re.compile(r'^[+-]?\d+(\.\d+)?$') …………正規表現オブジェクトを作成
012 for text in textlist: …………リストに対して繰り返し
013     if pattern.search(text): …………判定
014         print(f'{text}は数値')
015     else:
016         print(f'{text}は数値ではない')
```

実行結果

```
65535は数値
0.003333は数値
-120は数値
+80.5485は数値
M140は数値ではない
12+85は数値ではない
43.25bは数値ではない
```

今回使用した正規表現パターンの意味は次のとおりです（Windows版IDLEでは「\」が「¥」と表示されます）。

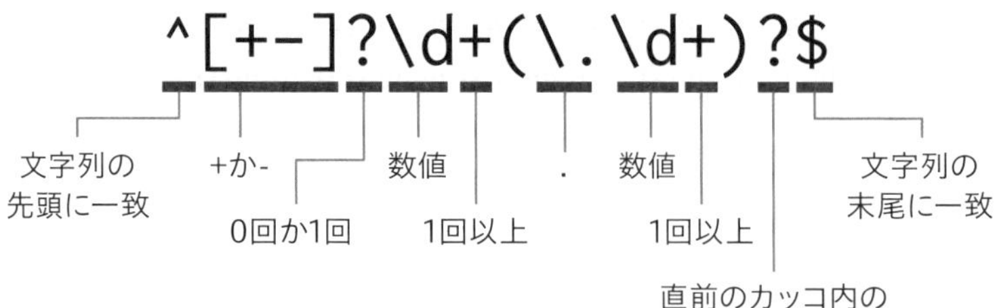

ナニコレ！　意味がわからないよ～

まぁ、いきなり理解できるものではないよね。「0回か1回」や「1回以上」は直前のパターンの繰り返し回数を意味していて、そこがわかってくると理解が進むよ

パターンがマッチする様子を図で見てみましょう。

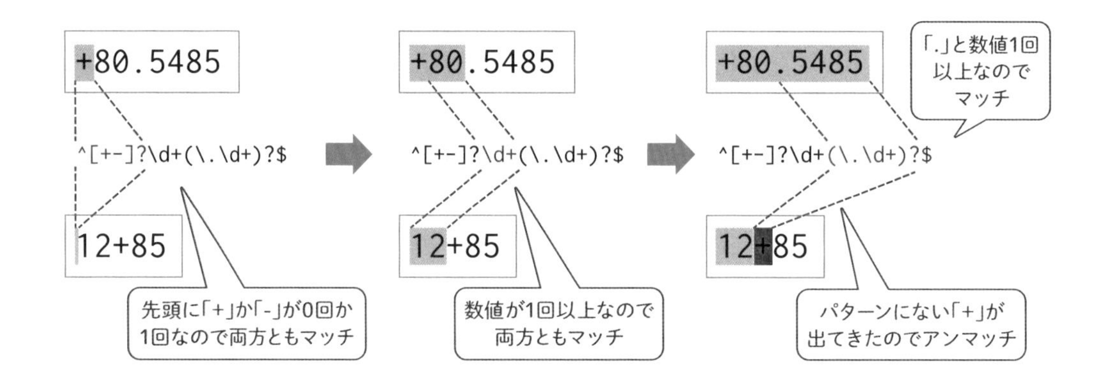

「\d」が数値で、それが「1回以上」だから、「数値が1回以上繰り返す」って読み解くのか……。教えてもらったPythonドキュメントのページを見ながらもっと勉強する必要がありそうだね

表記ゆれを修正する

正規表現を使って文字列を置換することもできます。今回は次のテキストに対して置換処理をします。このテキストには「サーバー」と「サーバ」という表記が混在しています。

```
*c4regex.txt - メモ帳
ファイル(F) 編集(E) 書式(O) 表示(V) ヘルプ(H)
CookieはHTTPの仕様の1つで、サーバからの指示で、短いテキストデータをクライア
ント（Webブラウザ）側に保存する仕組みです。クライアントに保存されたCookieは
、次回以降の同じサーバーへのHTTPリクエストに添付されます。
Cookieの主な用途は、SNSやECサイトのような会員制サイトで同じユーザーからのア
クセスだと判定することです。ユーザーが最初にアクセスした段階で、サーバ側はセ
ッションIDというランダムな番号を生成し、それをHTTPレスポンスに付けてクライア
ントに送ります。次回以降そのユーザーからのHTTPリクエストにはセッションIDが付
くため、同じユーザーからのアクセスだと判断できます。
```

置換処理を行う**sub（サブ）メソッド**を使って、「サーバー」に統一します。「サーバ」のあとに「ー（音引き）」がある場合とない場合の両方が対象なので、「0回か1回」を意味する「?」を付けた正規表現を使います。

c4_6_3.py

```
001 import re
002 from pathlib import Path
003 target = Path('c4regex.txt')
004 text = target.read_text(encoding='utf-8') ··········対象のテキストファイルを読み込み
005 result = re.sub(r'サーバー?', 'サーバー', text) ··········置換を実行
006 print(result) ··········置換後のテキストを表示
```

実行結果

```
CookieはHTTPの仕様の1つで、サーバーからの指示で、短いテキストデータをクライアント（Webブラウザ）側に保存するしくみです。クライアントに保存されたCookieは、次回以降の同じサーバーへのHTTPリクエストに添付されます。
Cookieの主な用途は、SNSやECサイトのような会員制サイトで同じユーザーからのアクセスだと判定することです。ユーザーが最初にアクセスした段階で、サーバー側はセッションIDというランダムな番号を生成し、それをHTTPレスポンスに付けてクライアントに送ります。次回以降そのユーザーからのHTTPリクエストにはセッションIDが付くため、同じユーザーからのアクセスだと判断できます。
```

今回は結果を表示して終わりだけど、write_textメソッドを使って保存してもいいよね

さっきは「re.compile」ってしてたけど、今回はしてないのは何で？

reモジュールには、「正規表現オブジェクトを作成してから使うメソッド」と、「最初の引数に正規表現を渡す関数」の2種類があるの。繰り返し処理内で何度も利用する場合とかは、正規表現オブジェクトのほうが効率がよくなるよ

正規表現オブジェクトのsubメソッドを利用する場合は、次のように書きます

c4_6_3.pyのバリエーション

```
    ……前略……
005 pattern = re.compile(r'サーバー?') ………… 正規表現オブジェクトを作成
006 result = pattern.sub('サーバー', text)
    ……後略……
```

まとめ

- 標準ライブラリのモジュールはインポートすると利用可能になる
- 「モジュール全体をインポート」「モジュールの一部をインポート」「別名を付けてインポート」の3つの方法がある
- strオブジェクト（文字列）などの組み込みオブジェクトは、インポートしないで使える
- 日付データを扱いたいときは、datetimeモジュールを利用する
- ファイルを扱うにはpathlibモジュールを使う
- パターンに合うファイルやディレクトリの一覧を取得したいときは、Pathオブジェクトのglobメソッドを利用する
- 正規表現を扱うreモジュールで、文字列のパターン検索ができる

Chapter 5

関数とクラスで処理をまとめよう

Section 1 処理に名前を付けてどうするの？

「文字列をさかさにする」

くるま
↓
まるく

関数にする

```
def reverse_text(text):
    return text[::-1]
```

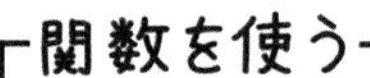


```
reverse_text('とまと')
reverse_text('しんぶんし')
reverse_text('くるみ')
```

これまでいろんな関数やメソッドを使ってきたけど、今回は自分で関数やメソッドを作ってみよう

条件分岐とか繰り返しが役に立つのはわかるけど、関数を自分で作るとどんなメリットがあるの？

関数を作るというのは、処理のまとまりに名前を付けること。だから、長いプログラムでも理解しやすくなるの

名前を付けると理解しやすくなるって、何で？？

例えば、「親指を曲げて、人差し指と中指を伸ばし、薬指と小指を曲げろ」っていわれて、何のことだかわかる？

えーと、親指を曲げて人差し指を伸ばして……。チョキ？

そう。「チョキを出せ」とか「ピースサインを出せ」っていわれたら一発でわかるよね。これが「処理に名前を付ける」メリットだよ

関数、引数、戻り値

関数といえば、引数と戻り値が付き物。だから、関数を作るときも、どんな引数を受け取って、どんな戻り値を返すのか考える必要があるよ

関数をどう使ってもらうか考えながら作るってことね。何かの道具を作るときみたい

メソッドとクラス

メソッドを作るには、まず「クラス」というものを作らないといけないの

クラスって言葉は今まで出てきたっけ？

クラスはオブジェクトの設計図。この話は最後にしよう

2 Section 関数を自分で作ろう

今回は関数の作り方について説明するけど、関数がどんなものかはもう説明不要だよね？

print関数とかinput関数とか、いろいろあったね。ざっくり「命令」って理解してたけど

「命令」でおおむね間違いではないね。それが自分で作れるってことは、自分がほしい命令を自分で増やせるってことだよ

関数はdef文で定義する

関数を作るには**def（デフ）文**を使います。defはdefine（ディファイン）の略で、日本語だと「定義する」という意味です。def文の基本的な書式は次のとおりです。「関数の名前」と「引数の名前や数」を決め、次の行でインデントして関数内で行う処理を書いていきます。

なお、関数の定義は、**関数の呼び出しよりも先に書かないとエラー**になります。

関数定義の書式

```
def 関数名(引数の指定):
    関数内の処理
    return 戻り値 …………戻り値が不要な場合は省略可
```

簡単な関数を定義してみましょう。次に定義する「reverse_text関数」は、引数textとして受け取った文字列を、スライス（P.64参照）を使って逆転して表示します。つまり、逆さ言葉を表示する関数です。

c5_2_1.py

```
001 def reverse_text(text): ············引数textを取るreverse_text関数を定義
002     rtext = text[::-1] ············文字列を逆転
003     print(f'{text} → {rtext}') ············結果を表示
004
005                                         ············コーディング規約で関数定義のあとは2行空ける
006 reverse_text('さかさことば')
007 reverse_text('とまと')
008 reverse_text('しんぶんし')
009 reverse_text('くるみ')
010 reverse_text('せんせいとせいと')
```

実行結果

```
さかさことば → ばとこさかさ
とまと → とまと
しんぶんし → しんぶんし
くるみ → みるく
せんせいとせいと → といせといせんせ
```

逆さに読んでも同じ……じゃないのも混じってるね。でも、これって関数にする必要あるのかな？

それじゃ、関数にしないプログラムも見てみよう

c5_2_2.py

```
001 text = 'さかさことば'
002 print(f'{text} → {text[::-1]}')
003 text = 'とまと'
004 print(f'{text} → {text[::-1]}')
005 text = 'しんぶんし'
006 print(f'{text} → {text[::-1]}')
007 text = 'くるみ'
```

```
008 print(f'{text} → {text[::-1]}')
009 text = 'せんせいとせいと'
010 print(f'{text} → {text[::-1]}')
```

あー、同じような文が続いてややこしい！

そう。同じような文が続くと混乱するし、あとで修正するのも大変。それと処理に「reverse_text」という名前を付けることも、わかりやすくする効果があるよね

なるほど、名前を見ただけで「テキストを逆転してる」ってわかるね

引数とスコープ

さっきは説明しなかったけど、関数を呼び出すときに指定した文字列が、関数定義側の引数textに入ることはわかったかな？

呼び出し側

```
reverse_text('とまと')
```

関数定義

```
def reverse_text(text):
    rtext = text[::-1]
    print(f'{text} → {rtext}')
```

呼び出し側の引数が、引数textに入る

何となく。使い方は変数とあまり変わらないような？

同じように利用できるから、データの受け渡しに使う変数だと考えてもいいよ。ただし、少しだけ注意点があるの

引数や関数内で定義した変数（ローカル変数）は、**関数のブロック内でのみ有効**です。この有効範囲のことを**スコープ**といいます。c5_2_1.pyでいうと、引数textと変数rtextをreverse_text関数のブロック外で参照すると、NameError（名前が理解できないエラー）が発生します。

参照できないってことは、ブロック外で「print(text)」とかやっちゃダメってことだよね。何でそんなややこしいルールがあるのかな？

その代わり、他の関数で同じ名前の引数、変数を作っても別物になるから、「変数をどの関数で書き換えたかわからない」なんてややこしい状況を避けられるんだよね。引数、変数は「関数ごとに独立してる」って考えてみて

Point

とりあえずブロックを埋めるpass文

プログラムを書いていると、「関数の名前だけとりあえず定義しておきたくなる（中身はあとで書く）」ことがあります。しかし、def文に限った話ではありませんが、Pythonではブロックの中に何も書かないとエラーになってしまいます。

ブロック内をあとで書きたい場合のために、pass（パス）文が用意されています。pass文は何もしませんが、これを入れておけばひとまずエラーを避けられるため、少しずつ開発を進められます。

pass文の利用例

```
def testfunc():
    pass ············関数の中身をあとで書きたい


if text.isdigit():
    pass ············if文のTrueブロックをあとで書きたい
else:
    print('数値ではありません')
```

3 Section 戻り値のある関数を作ろう

関数には戻り値を返すものもあったよね。今度は戻り値の返し方を覚えよう

関数に値を渡したいときは引数を使い、関数から値を返したいときは戻り値を使うってことだよね

そういうこと。関数と呼び出し側でやりとりしたいときは、原則的に引数と戻り値を使うの

return文で戻り値を返す

関数に戻り値を返させたい場合は、関数のブロック内に**return（リターン）文**を書きます。関数内に複数のreturn文を書くこともできますが、return文が実行された時点で、関数の処理は終了する点に注意してください。

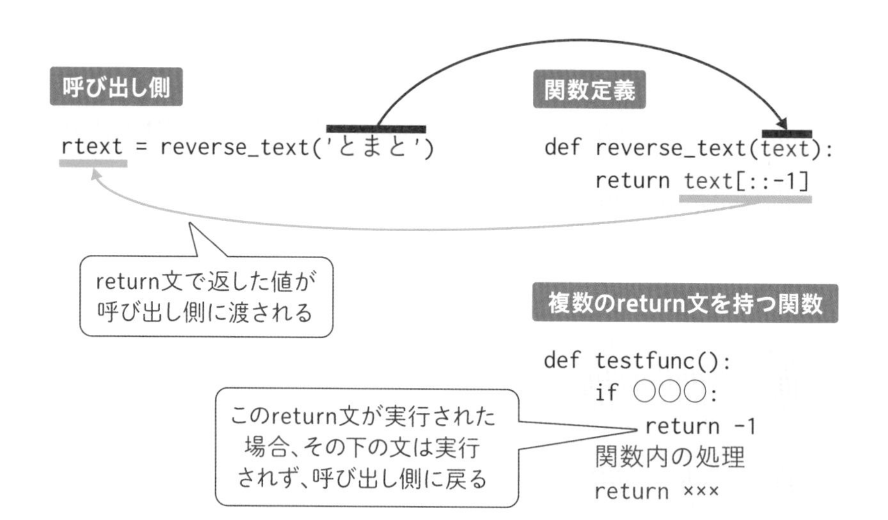

reverse_text関数を、戻り値を返す形に変更してみましょう。

c5_3_1.py

```
001 def reverse_text(text):
002     return text[::-1] ···········return文で戻り値を返す
003
004
005 text = 'さかさことば'
006 rtext = reverse_text(text) ···········戻り値を変数rtextに代入
007 print(rtext)
```

実行結果

```
ばとこさかさ
```

あれ？　この例だと関数のブロック外にも引数textがあるけど、ブロック外では使えないんじゃなかったっけ？

それは違うよ。関数内の引数textと、関数外の変数textは別のものなの。たまたま名前が同じだけ

山田家のサトシ君と、田中家のサトシ君は別人みたいな話かな

```
def reverse_text(text):
    return text[::-1]
text = 'さかさことば'
rtext = reverse_text(text) print(rtext)
```

引数textは関数のブロック内でのみ有効

関数外で作成した変数textはまったく別のもの

そんな感じ。「関数の中と外の名前は独立している」ってことはとにかく覚えておいてね

関数から関数を呼び出す

関数のブロック内で他の関数を呼び出すこともできます。次の例では、回文かどうかをチェックするis_palindrome関数を追加しています。そのブロック内でreverse_text関数を呼び出します。

c5_3_2.py

```
001 def reverse_text(text):
002     return text[::-1]
003
004
005 def is_palindrome(text):
006     return text == reverse_text(text) ············反転したテキストと比較
007
008
009 text = 'さかさことば'
010 if is_palindrome(text): ············回文かチェック
011     print(f'「{text}」は回文です')
012 else:
013     print(f'「{text}」は回文ではありません')
```

実行結果

```
「さかさことば」は回文ではありません
```

palindrome（パリンドローム）は「回文」、つまり逆さにしても同じように読める文のことだよ。ここでは==でもとのテキストと逆さにしたテキストを比較しているから、回文だったらTrueが戻ってくるね

そういえば、文字列が数字かどうかチェックするisdigitってメソッドがあったよね

何かの判定結果をTrueかFalseで返す関数やメソッドの名前に「is」を付けると、英語で「××ですか？」と質問しているみたいでわかりやすいよね

global文とグローバル変数

関数内で作成した変数をローカル変数、関数外で作成した変数をグローバル変数と呼びます。

関数の中と外は独立していて、やりとりする際は引数と戻り値を使うのが原則です。ただし実際には、関数のブロック内からグローバル変数を参照することは可能です。さらに、関数のブロック内でグローバル変数に代入したい場合は、global（グローバル）文を使って変数名を指定します。

global文の書式

```
global 利用したい変数名
```

c5_3_3.py

```
001 def reverse_text():
002     global rtext ············global文で外部のrtextを代入可能に
003     rtext = gtext[::-1]
004
005
006 gtext = 'さかさことば' ············gtextとrtextはグローバル変数
007 rtext = ''
008 reverse_text() ············関数を呼び出すとrtextが書き換えられる
009 print(f'{gtext} → {rtext}') ············結果を確認
```

実行結果

```
さかさことば → ばとこさかさ
```

ただし、関数ごとに変数が独立した状態が標準になっているのは、プログラムを部分ごとに切り離して把握しやすくするメリットがあるからです。ですから、global文を多用するのはあまりおすすめできません。

ちなみに、関数の外部から関数内のローカル変数にアクセスする方法はありません。

4 Section 変数と値の関係をあらためて理解する

これまで「変数に値を入れる」って説明してきたけど、厳密にいうと変数に値は入っていないの

いきなりそういわれても、何のことやらなんだけど……

さらに先の話を理解するために、ここで変数と値の関係を正しく理解しておこう

変数は値を参照する

Pythonの変数は、その中に直接値が入るのではなく、メモリ空間の別の場所に作られた値**(オブジェクト)を参照**(束縛＝bindingともいう)しています。図で表すと次のようなイメージです。変数から変数に代入した場合は、複数の変数が同じ値を参照した状態になります。

```
taste1 = 'sugar'
taste2 = 'salt'
taste3 = taste1
```

メモリ空間: sugar　salt

変数は、メモリ空間にある値(オブジェクト)を参照している

変数から変数に代入すると、複数の変数が同じオブジェクトを参照した状態になる

そして、文字列(str型)は**イミュータブル(変更不可)**という性質を持つので、メソッドによる変換や+演算子による連結などを行った場合、新しい値が作られます。次の図の例を見ると、3行目のcapitalizeメソッド呼び出し(先頭を大文字に変換)と4行目の連結で、新しい値が生成されています。「salt」という値が「Salt」に変わることはありません。

数値(int型やfloat型)、日付(datetime型)などもイミュータブルなので、扱いは同じです。

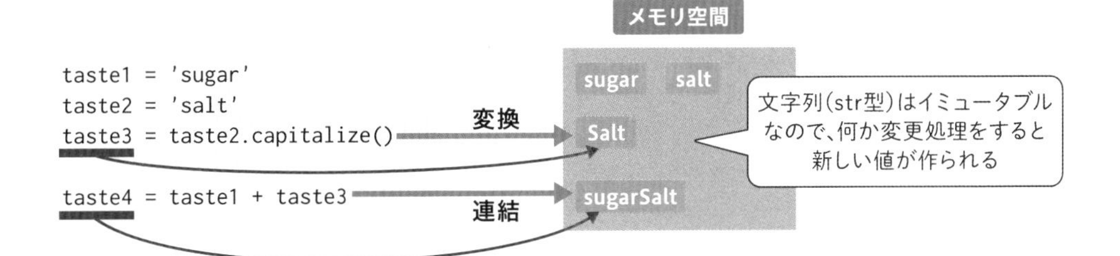

関数の引数でも話は同じ。関数のブロック内で引数に値を代入しても、引数に別の値を参照させただけだから、呼び出し側には影響しないんだよ

ミュータブル（変更可能）な値の場合

リストのように**ミュータブル（変更可能）**な値の場合、メソッドなどを使って値を変更できます。そのため、複数の変数が同じ値を参照していた場合、一方の変数で値を操作すると、他の変数にもそれが影響します。

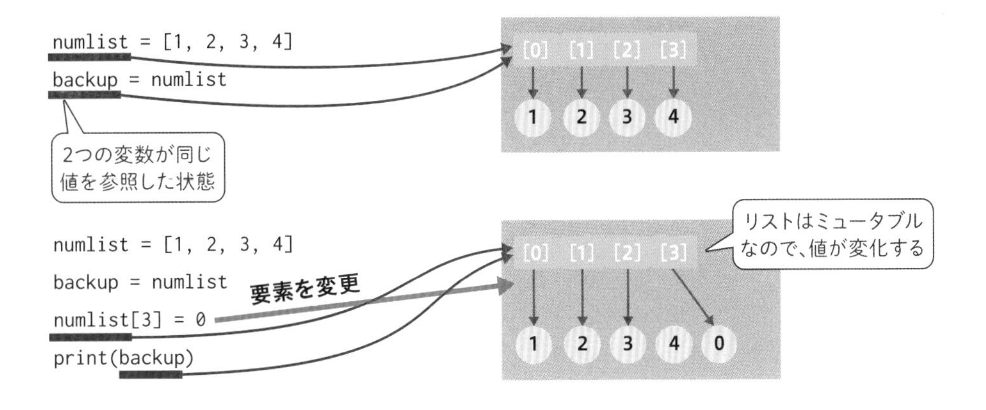

引数でも同じことがいえる。例えばリストを関数の引数にした場合、**「関数外と関数内で同じリストを参照した状態」**になるんだ。だから、関数内でリストを操作すると呼び出し側にも影響が出るよ

5 Section

さまざまな種類の引数を使いこなす

関数の引数にはいろいろな種類があるって話を結構前にしたよね

キーワード引数っていうのは何度か使ったね。print関数の引数sepとか、read_textメソッドの引数encodingとか

そう、キーワード引数と可変長引数があるね。今回はその定義の仕方を教えるよ

キーワード引数を利用する

キーワード引数のために特別な定義方法は必要ありません。通常どおりに引数を定義しておけば、関数を呼び出すときに「text='Hello'」のようにキーワード付きで指定できます。キーワードを付けた場合、引数の順番を変えても動作します。ただし、一般的にキーワード付きで呼び出すのは、次に説明する**「デフォルトの引数値」を指定した引数**です。文法上は可能という話だと理解してください。

次の例は、引数textを引数timeの回数だけ繰り返して表示するrepeat_text関数です。

c5_5_1.py

```
001 def repeat_text(text, times):
002     print(text * times)
003
004
005 repeat_text('Hello', 3) ………… キーワードなしで引数を指定
006 repeat_text(times=3, text='Hello') ………… キーワード付きで引数を指定
```

実行結果

```
HelloHelloHello
HelloHelloHello
```

ちなみに、キーワードを付けない引数指定のことを「位置引数」っていうの。位置だけで引数の意味が決まるから

デフォルトの引数値を指定する

引数を定義するときに初期値を指定することができます。これを**デフォルトの引数値**といいます。デフォルトの引数値付きの引数は、呼び出し時に省略できます。初期値から変えたいときだけ指定すればよくなるのです。

c5_5_2.py

```
001 def repeat_text(text, times=5): ………… 引数timesに初期値5を指定
002     print(text * times)
003
004
005 repeat_text('Hello') ………… 引数timesを省略して呼び出し
```

実行結果

```
HelloHelloHelloHelloHello
```

print関数の引数sepや引数endは付けたり付けなかったりできたけど、こういうしくみだったんだね

可変長位置引数を定義する

print関数では「表示したい値」をカンマで区切って好きなだけ指定できますが、このように数を変えられる引数を**可変長引数**といいます。可変長引数には、**可変長位置引数**と**可変長キーワード引数**の2種類があり、定義方法が少しだけ異なります。

まずは、可変長位置引数から説明しましょう。可変長位置引数を定義するには、引数名の前に**「*(アスタリスク)」を1つ付けます。**指定した値はタプルとして渡されます。

次の例は、複数の文字列を連結するjoint_texts関数です。文字列の数は自由に増やせます。

c5_5_3.py

```
001 def joint_texts(*args): ············argsは可変長位置引数
002     result = ''
003     for text in args: ············argsはタプルなので繰り返し処理できる
004         result += text ············argsから取り出したtextを変数resultに連結
005     print(result)
006
007
008 joint_texts('Book', 'Magazine', 'Paper')
```

実行結果

```
BookMagazinePaper
```

可変長位置引数と通常の引数を同時に使う

可変長位置引数と普通の引数を両方とも使いたい場合は、普通の引数にデフォルト値を指定し、キーワード付きで呼び出すようにします。そうしないと、呼び出し時に指定した引数が、可変長位置引数に含めるものかそうでないのかを区別できないからです。

関数の定義例

```
def joint_texts(*args, times=5): ············通常の引数と可変長位置引数を定義
    関数内の処理

joint_texts('Book', 'Magazine', 'Table', times=3) ············通常の引数はキーワード付き
```

可変長キーワード引数を定義する

可変長キーワード引数は、複数の引数を辞書として渡します。定義するときは引数名の前に**「**(アスタリスク2個)」を付けます。**

c5_5_4.py

```
001 def repeat_text(text, **kwargs): ············textは通常の引数、kwargsは可変長キーワード引数
002     if 'times' in kwargs: ············キー「times」が存在する場合は繰り返す
003         text = text * kwargs['times']
004     if 'end' in kwargs: ············キー「end」が存在する場合は最後にそれを表示
005         print(text, end=kwargs['end'])
006     else:
007         print(text)
008
009
010 repeat_text('Hello', times=3, end='@')
```

実行結果

```
HelloHelloHello@
```

これ普通のキーワード引数じゃダメなの？

実は、今回の例だと普通のキーワード引数を使ったほうがいいんだ。参考として説明したけど、どうしても必要な場合を除けば、無理に可変長キーワード引数を使わなくてもいいよ。

Point

引数のアンパック

引数のアンパックとは、リスト、タプル、辞書を個々の要素に展開することで、その状態で関数に渡せます。呼び出し時に引数の前に「*」を付けます。

アンパックの利用例

```
pets = ['Dog', 'Cat', 'Pig', 'Hamster', 'Horse']
print(*pets) ············「Dog」「Cat」などの個別の文字列の引数として渡される
```

6 Section トレースバックでエラー原因を探そう

関数の話の最後に、トレースバック（Traceback）について説明するね。エラーメッセージに出てくる言葉だね

やっぱりエラーなんて見たくないよ〜

プログラミングにエラーは付き物だから怖がっちゃダメ！メッセージをよく読めばたいていのエラーは解決できるし、Pythonの理解も深まるよ

トレースバックって何？

次のプログラムは、関数から関数を呼び出す例として作ったc5_3_2.py（P.160参照）を少し変えたものです。エラーが出るよう、変数に入れる値の型をわざと間違えています。

c5_6_1.py

```
001 def reverse_text(text):
002     return text[::-1]
003
004
005 def is_palindrome(text):
006     return text == reverse_text(text)
007
008
009 text = 1299999 ············textに整数を入れている
010 if is_palindrome(text):
```

```
011         print(f'「{text}」は回文です')
012     else:
013         print(f'「{text}」は回文ではありません')
```

実行すると、次のようなエラーメッセージが表示されます。

```
IDLE Shell 3.9.1
File Edit Shell Debug Options Window Help
Python 3.9.1 (tags/v3.9.1:1e5d33e, Dec  7 2020, 17:08:21) [MSC v.1927 64 bit (AM
D64)] on win32
Type "help", "copyright", "credits" or "license()" for more information.
>>>
============ RESTART: C:¥Users¥ohtsu¥Documents¥ghkwPython¥c5_6_1.py ============
Traceback (most recent call last):
  File "C:¥Users¥ohtsu¥Documents¥ghkwPython¥c5_6_1.py", line 10, in <module>
    if is_palindrome(text):
  File "C:¥Users¥ohtsu¥Documents¥ghkwPython¥c5_6_1.py", line 6, in is_palindrome
    return text == reverse_text(text)
  File "C:¥Users¥ohtsu¥Documents¥ghkwPython¥c5_6_1.py", line 2, in reverse_text
    return text[::-1]
TypeError: 'int' object is not subscriptable
>>> 
```

今回のテーマの**トレースバック（Traceback）**は、エラーメッセージの先頭に表示されています。そのあとは、エラーに関係するファイルと行番号が並び、最後にエラー発生行とエラー内容（今回はTypeError）が表示されます。TypeErrorの「'int' object is not subscriptable」は、「intオブジェクトには添え字（インデックス）を付けられない」という意味です。

エラーの赤字を見ただけでクラクラするよ！　こわい！

File xx line ××の部分に注目してみて。ちなみに「Traceback」は、英語で「さかのぼる」って意味だよ

ファイルは全部同じで、is_palindrome関数の呼び出しと、reverse_text関数の呼び出しと、エラーが発生している行だね……。あ！　呼び出しの流れをさかのぼってる？

ザッツライト！　トレースバックは関数の呼び出し履歴をさかのぼって表示してるんだ

```
001 def reverse_text(text):
002     return text[::-1]
003
004
005 def is_palindrome(text):
006     return text == reverse_text(text)
007
008
009 text = 1299999
010 if is_palindrome(text):
011     print(f'「{text}」は回文です')
012 else:
013     print(f'「{text}」は回文ではありません')
```

ここでTypeError発生

原因はここ

さかのぼる

```
Traceback (most recent call last):
  File "……\c5_6_1.py", line 10, in <module>
    if is_palindrome(text):
  File "……\c5_6_1.py", line 6, in is_palin-
drome
    return text == reverse_text(text)
  File "……\c5_6_1.py", line 2, in reverse_-
text
    return text[::-1]
TypeError: 'int' object is not subscriptable
```

でも、わざわざさかのぼらなくても、エラーが発生した2行目だけ教えてくれればよくない？

エラーの発生箇所は2行目だけど、エラーの原因は9行目で変数textに整数を入れていることだよね。つまり、このエラーの原因は2行目だけを見ていてもわからないんだ

なーるほど。犯行現場から足取りをたどって、犯人を探すってわけか。エラーは足で探せ！　なんてね

エラーの原因は、わかりやすく発生行に存在することもあれば、呼び出し履歴のどこかに潜んでいる場合もある。トレースバックをたどることは重要だよ

エラーメッセージを検索しよう

トレースバックでエラーに関係ありそうな行が見つかっても、エラーの意味がわからなかったら直せないよね？

そういうときはネット検索。「TypeError: 'int' object is not subscriptable」で検索してみよう。必ずヒントが見つかるはずだよ。変数名や型名はプログラムによって変わるから、取り除いたほうがいい場合もあるよ

Point

例外とtry文

構文エラーは書いたプログラムの文法間違いなどで発生しますが、想定外のエラーは他にもあり、例外（Exception）と呼ばれます。他人に使ってもらうプログラムが例外で止まっては困りますが、「想定外の値が入力された場合」や「読み込もうとしたファイルが存在しない（または壊れていた）場合」など、例外の原因になりうるものはたくさんあります。

例外が発生したときの対応処理を書くために、try文が用意されています。try文のブロック内で例外が発生した場合、except節にジャンプするので、その中で「エラーメッセージを表示する」などの例外処理をして、プログラムを続行することができます。

try文の書式

```
try:
    実行したい処理
except:
    エラー対応処理
```

- 8.4. try 文
  https://docs.python.org/ja/3/reference/compound_stmts.html?highlight=try#the-try-statement
- 8.3. 例外を処理する
  https://docs.python.org/ja/3/tutorial/errors.html#handling-exceptions

Section 7 クラスはオブジェクトの設計図

次に説明する「クラス」は、関数や変数の考え方をさらに推し進めたもので、オブジェクトの設計図になるの

自分でdatetimeオブジェクトやPathオブジェクトとかを作れるってこと？　難しそう！

正直いえばちょっと難しい。ライブラリを自作するレベルの人が必要になる知識だね。でも、大まかには知っておいてほしいな

オブジェクトとクラス

前にオブジェクトはデータとメソッドを持つと説明しました。その2つを設計するためのものが**クラス**（class）です。クラスの中には、オブジェクトがどんなデータを持ち、どんなメソッドを持つかという定義が書かれています。クラスのブロック内には関数定義のdef文がたくさん並びます。

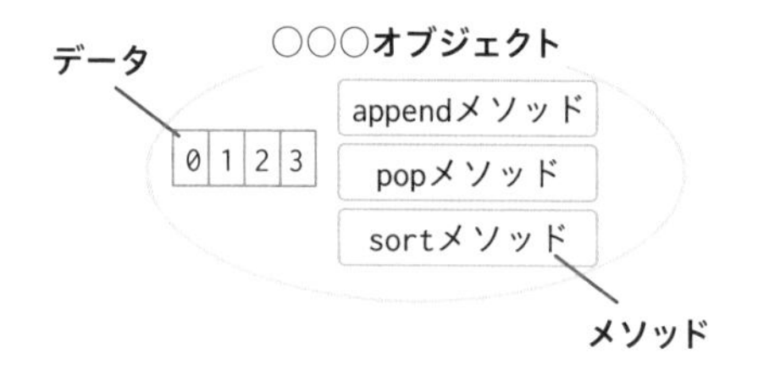

クラス定義（設計図）

```
class ○○○:
    def __init__(self):
        データの定義
    def append(self, item):
        メソッドの定義
    def pop(self):
        メソッドの定義
```

オブジェクトがどんなデータやメソッドを持つかを定義する

Pythonの標準ライブラリのオブジェクトも、クラスによって定義されています。例えば、pathlibのドキュメントを開き、上のほうにある「ソースコード」のリンクをクリックしてみて

ください。pathlibのソースコードを見ることができます。その中を調べていくと、Pathオブジェクトなどのクラス定義が見つかります。

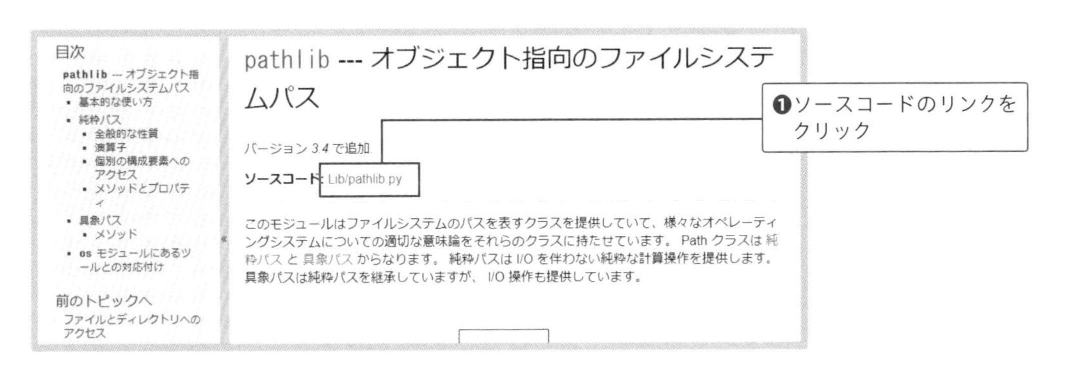

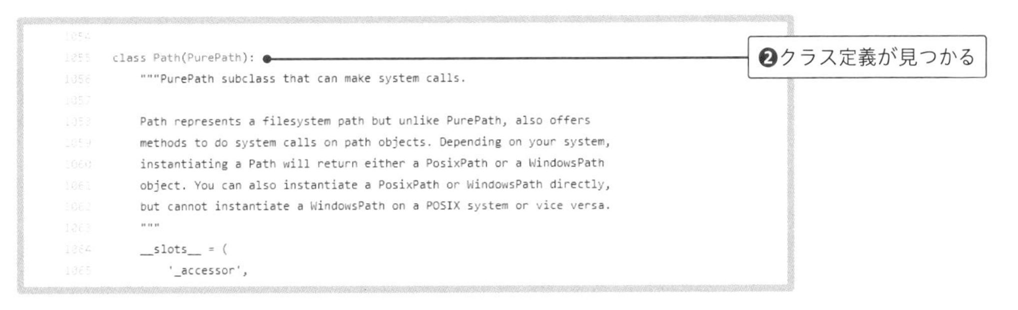

クラスとインスタンス

Chapter 4で紹介したPathオブジェクトやdatetimeオブジェクトを使う前に、Path()やdatetime()などと書いてオブジェクトを作っていたことを思い出してください。これらのクラス名と同名の関数は、新しいオブジェクトを作るためのものです。そして、クラスから作られたオブジェクトのことを、**インスタンス（実体）**といいます。

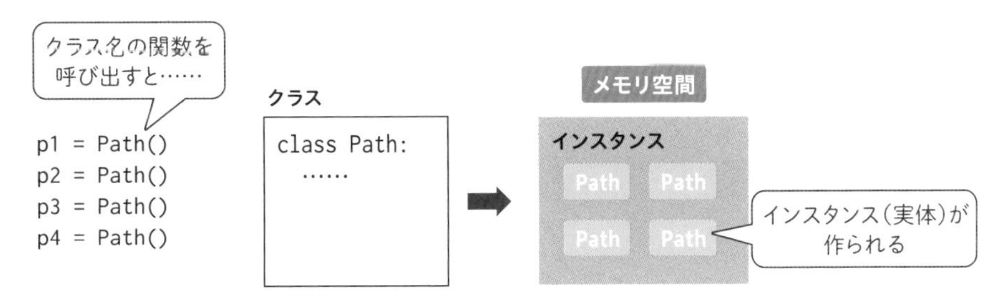

つまり、オブジェクトとインスタンスは同じもの？

同じともいえるし、違うともいえる。クラスはソースコード内に書く設計図、インスタンスはメモリ空間に作られる実体を指す用語で、ハッキリとした意味があるわけ

「設計図」と「それから作ったもの」って意味だよね

それに対してオブジェクトは、大まかに「プログラムを構成する部品」を意味する用語で、クラスとインスタンスの両方をまとめて指すこともあるの

それじゃここまでは、クラスとインスタンスを説明する前だから、ざっくりとオブジェクトって呼んでたんだね

クラスを定義するclass文

実際のクラス定義は次のセクションで行いますが、先に大まかな作り方を知っておきましょう。クラスは**class文**で定義します。インデントしてブロックを作り、その中にメソッドの定義などを書いていきます。

クラス定義の書式

```
class クラス名:
    メソッドなどの定義
```

クラス名に使える文字は変数と同じですが（P.50参照）、PathやPurePathのように、**単語の先頭を大文字にする**のが一般的です。

datetimeとかstrとかは全部小文字の名前だよね？

理由は知らないけど、組み込み型や古いモジュールでは小文字の名前が使われているみたいね

メソッドの定義にはdef文を使う

メソッドの定義では、関数と同じくdef文を使います。関数定義との違いは、class文のブロック内に書くので**def文のブロックは2段階インデントする**ことと、**第1引数にself**を取ることです（引数名は変更可ですが、慣習的にselfが使われます）。このselfはインスタンスを参照しており、インスタンスが持つデータや他のメソッドを利用できます。

メソッド定義の書式

```
class クラス名:
    def メソッド名(self, その他の引数):
        メソッド内の処理
```

メソッド内でインスタンス変数を作る

インスタンスが持つ変数のことを**インスタンス変数**といいます。通常の変数が代入だけで定義できるのと同じく、インスタンス変数名に対して代入するだけで定義できます。ただし通常は、インスタンス作成時に自動的に呼び出される**特殊メソッド**（__init__など）内で定義します。

インスタンス変数の定義例（これをクラス内に書く）

```
    def __init__(self, その他の引数):
        self.インスタンス変数名 = 値
```

何となく頭に入ったら、次ページからクラス定義に挑戦してみよう

データクラス

Python 3.7からデータを扱うクラスを手軽に定義できる「データクラス」というしくみが追加されました。本書ではクラスの仕組みを説明するのが目的なため、その応用であるデータクラスは使わずに説明します

- dataclasses --- データクラス
  https://docs.python.org/ja/3/library/dataclasses.html

Section 8 クラス定義に挑戦する

クラス定義の実践では、前に関数の説明で作ったreverse_textをクラス化してみよう

文字列を反転させるだけだから、関数で十分じゃないの？

あの関数を使うときに、反転前後の文字列を記憶しておく変数も作ってたよね。それらもまとめて記憶できたら便利だと思わない？

クラスの仕様を考える

クラスを作り始める前に、まずはクラスの構造や使い方などの仕様を決めましょう。クラスの名前はルールに則ってReversedText（反転したテキスト）とします。

どのように利用するかを想像しながら、クラスにどんなインスタンス変数とメソッドを持たせるかを考えていきます。インスタンス作成時にもとの文字列を設定し、手軽に反転前や反転後の文字列を取得できると便利そうですね。回文チェック機能も加えましょう。

ReversedTextクラス

インスタンス変数

```
source        ……もとの文字列を記憶
reversed      ……逆さ言葉を記憶
```

メソッド

```
__init__      ……sourceに値を設定
__str__       ……reverseを返す
is_palindrome ……回文かチェック
```

利用イメージ

```
rtext = ReversedText('さかさことば')

print(rtext.reversed)……逆さ言葉を表示
print(rtext)         ……逆さ言葉を表示
print(rtext.source)  ……もとの文字列を表示

if rtext.is_palindrome():……回文か判定
    print('回文です')
```

なるほど、変数と関数が分かれてるより使いやすそう

インスタンス作成時に初期値を設定する

Pythonのクラスには、特定の条件下で自動的に呼び出される**特殊メソッド**がいくつか用意されています。インスタンスを作成する際は__init__メソッドが自動的に呼び出されるので、インスタンスの初期化に使うことができます。特殊メソッドは名前の前後に「__（アンダースコア2個）」が付いており、それで通常のメソッドと区別できます。

ReversedTextクラスと__init__メソッドを定義してみましょう。メソッドには第1引数selfを持たせますが、呼び出し時にはselfは指定しません。selfには自動的にインスタンスが入るので、これを利用してインスタンスの変数やメソッドを利用します。

c5_8_1.py

```
001 class ReversedText:
002     def __init__(self, text): ············引数selfとtextを受け取る初期化メソッド
003         self.source = text ············インスタンス変数sourceを定義
004         self.reversed = text[::-1] ············インスタンス変数reversedを定義
005
006
007 rtext = ReversedText('さかさことば') ············インスタンスを作成して変数rtextに代入
008 print(rtext.source) ············インスタンス変数sourceを表示
009 print(rtext.reversed) ············インスタンス変数reversedを表示
010 print(rtext) ············インスタンスをそのまま表示
```

実行結果

```
さかさことば
ばとこさかさ
<__main__.ReversedText object at 0x000002087CC589A0>
```

インスタンス作成時に引数にした文字列が、インスタンス変数sourceやreversedに記憶され、それを表示していることがわかるかな？

ReversedTextクラスのインスタンス作成は一瞬にすぎません。その作成プロセスを図解で見てみましょう。

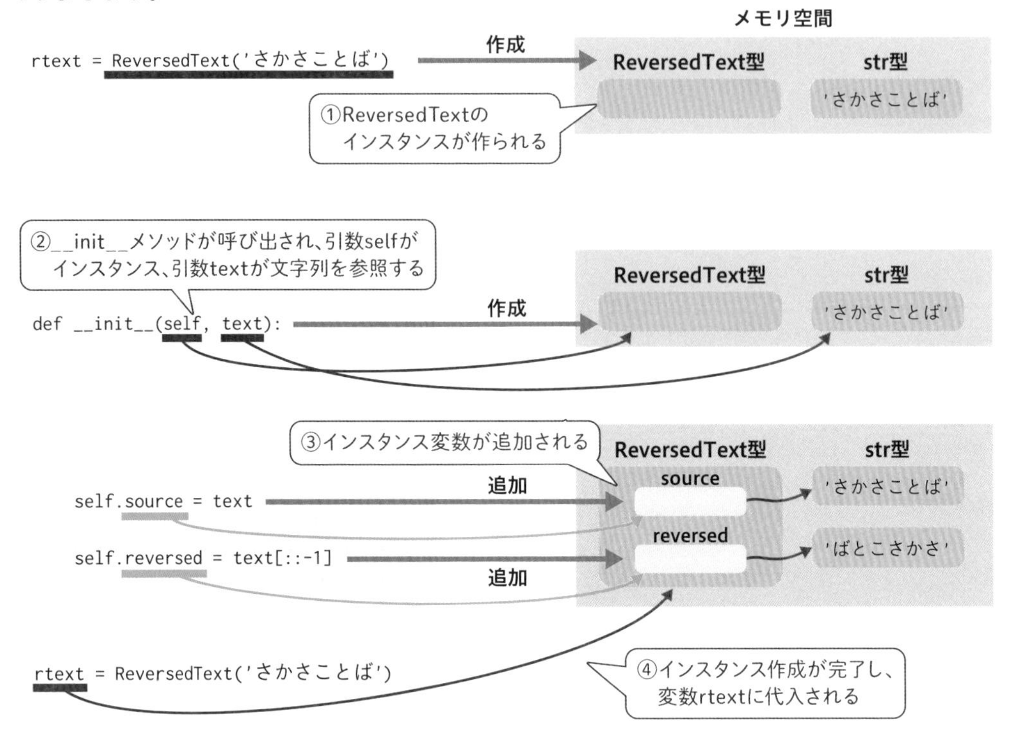

rtextをそのまま表示したときに出てくる「<__main__.ReversedText……>」っていうのは何なの？

これはインスタンスの管理情報がそのまま表示されている状態なの。文字列としてどう表示するかは、特殊メソッドで指定するんだよ。あとで試してみよう

メソッドを定義する

普通のメソッドを定義してみましょう。定義の方法は変わりませんが、特殊メソッドのように自動的には呼び出されないので「変数.メソッド名()」の形で呼び出さなければいけません。

回文か判定するis_palindromeメソッドを追加しましょう。sourceとreversedを比較した結果を返します。一致すればTrueなので回文といえます。

c5_8_2.py

```
001 class ReversedText:
002     def __init__(self, text):
003         self.source = text
004         self.reversed = text[::-1]
005                                         ………メソッド定義のあとは1行空ける
006     def is_palindrome(self):
007         return self.source == self.reversed ………比較結果を返す
008 
009                                         ………クラス定義のあとは2行空ける
010 rtext = ReversedText('トマト')
011 if rtext.is_palindrome(): ………is_palindromeメソッドを呼び出して分岐
012     print(f'「{rtext.source}」は回文です')
013 else:
014     print(f'「{rtext.source}」は回文ではありません')
```

実行結果

```
「トマト」は回文です
```

str型のisdigitメソッドっぽくなった！

組み込み型や標準ライブラリに似せて作れば、使う人も迷わないよね

文字列としてどのように表示するかを決める

特殊メソッドの__str__を定義すると、インスタンスを文字列に変換する方法を決めることができます。__str__メソッドの戻り値は、print関数で表示するときや、str関数（P.60参照）で文字列に変換するときに使われます。

c5_8_3.py

```
001 class ReversedText:
002     def __init__(self, text):
```

```
003        self.source = text
004        self.reversed = text[::-1]
005
006    def is_palindrome(self):
007        return self.source == self.reversed
008
009    def __str__(self):
010        return self.reversed ············反転した文字列を返す
011
012
013 rtext = ReversedText('さかさことば')
014 print(rtext.source)
015 print(rtext.reversed)
016 print(rtext)
```

実行結果

```
さかさことば
ばとこさかさ
ばとこさかさ
```

rtextだけでも反転した文字列が表示できるようになったね

print関数で表示するときに、自動的に__str__メソッドが呼び出されているんだよ。これでReversedTextクラスはひとまず完成としよう

ところで、関数だけでいいときと、クラスも作ったほうがいいときって、どう判断したらいいのかな？

それは難しい質問だね。クラスをうまく定義すれば使いやすくなるけど、作るのは手間だし、設計が難しい。だから、他人に使ってもらうライブラリを作るレベルに達したら、あらためて検討したらいいんじゃないかな

クラス関連のちょっとだけ高度なトピック

クラスの理解を深めるために、いくつかちょっと高度な話をしておくよ。でも、今すぐ定義のやり方まで知る必要はないから、用語だけ軽く覚えておいてね

● インスタンスを作らずに呼び出せるクラスメソッド

先ほどのis_palindromeメソッドはReversedTextクラスのインスタンスを作らないと使えませんが、インスタンスを作らずに使える**クラスメソッド**というものもあります。Chapter 4でnowメソッド（P.129参照）を使って現在の日時を表すdatetimeオブジェクト（正確にはdatetimeクラスのインスタンス）を作りましたが、このnowメソッドはクラスメソッドです。インスタンスを作る前でもすぐに使えます。

● メソッドやインスタンス変数などをまとめて属性と呼ぶ

クラス（オブジェクト）が持つメソッドやインスタンス変数、クラスメソッドなどをまとめて**属性**と呼びます。属性は「.（ドット）」記号でアクセスできるものの総称で、Pythonドキュメントにもよく登場する用語です。

● クラスの継承

既存のクラスを引き継いで新しいクラスを作ることを**継承**といいます。かなり複雑な機能を持つクラスを作るときに役立つしくみです。例えば、pathlibのPathクラスはPurePathクラスを継承して作られています。そのため、ドキュメントにPurePathクラスのメソッドと説明されていても、Pathクラスで利用できます。

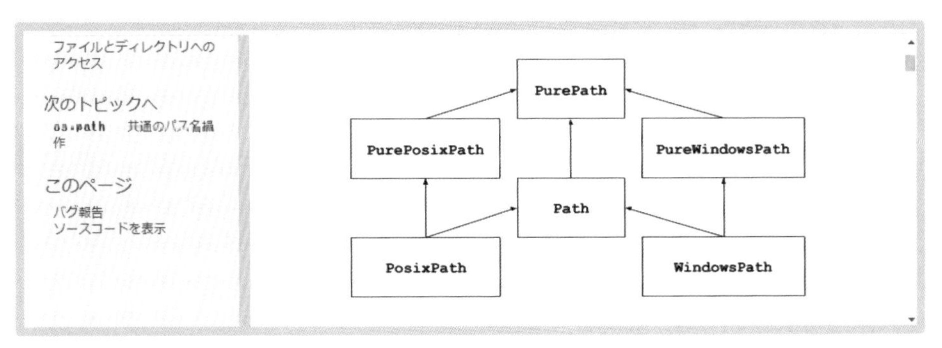

pathlibのドキュメント冒頭にあるクラスの継承関係の図

9 Section 関数やクラスをモジュールにする

今回は「モジュール」を作ってみよう

モジュールって標準ライブラリからインポートするやつだよね。自分で作れるんだね

そのとおり！　作り方はすごく簡単。Pythonのプログラムファイル（.pyファイル）がモジュールだからね

Pythonのプログラムファイル＝モジュール

モジュールの正体は、Pythonのプログラムファイル、つまり拡張子「.py」を持つファイルのことです。Chapter 4で紹介した標準ライブラリのモジュールも、拡張子「.py」のファイルです。つまり、モジュールのインポートとは、モジュールが他のモジュールを取り込んで実行可能にすることなのです。

モジュールを作ると、関数やクラスがさらに再利用しやすくなります。**他のファイルで定義した関数やクラスを、必要なときにインポートして利用できる**からです。

せっかく関数やクラスを作ったんだから、いろいろなプログラムで使ったほうがお得だよね

それじゃあ、モジュールを作ってインポートしてみよう。といっても、関数やクラスの定義を別ファイルにするだけだから簡単だよ

モジュールを作成する

これまで同様、拡張子「.py」のプログラムファイルを作ればモジュールになります。今回は先ほど作成したReversedTextクラスを流用しましょう。

ファイル名がそのままモジュール名となります。使える文字は変数名と同じです。そこで、ファイル名は「c5_9_1_reversed_text.py」とします。本来はモジュールの内容を表す「reversed_text.py」だけでいいのですが、先頭の「c5_9_1_」は本書のサンプルファイルを管理する都合で付けたものです。

c5_9_1_reversed_text.py

```
001 class ReversedText:
002     def __init__(self, text):
003         self.source = text
004         self.reversed = text[::-1]
005 
006     def is_palindrome(self):
007         return self.source == self.reversed
008 
009     def __str__(self):
010         return self.reversed
```

次にインポートする側のファイルを作成します。c5_9_reversed_text.pyと同じフォルダ内に保存してください。

c5_9_1.py

```
001 from c5_9_1_reversed_text import ReversedText
002 
003 rtext1 = ReversedText('さかさことば')
004 print(f'{rtext1.source} → {rtext1}');
005 rtext2 = ReversedText('トマト')
006 print(f'{rtext2.source} → {rtext2}');
007 rtext3 = ReversedText('たけやぶやけた')
008 print(f'{rtext3.source} → {rtext3}');
```

実行結果

```
さかさことば → ばとこさかさ
トマト → トマト
たけやぶやけた → たけやぶやけた
```

インポートする側のファイルで、c5_9_1_reversed_textの中のReversedTextを利用しているってことかー。同じファイルの中にクラスを書いたのと同じように使えたね。意外と簡単！

2つのモジュールを同じフォルダに入れておくのが重要だよ

Chapter 5 関数とクラスで処理をまとめよう

Point モジュールの検索パスを調べる

モジュールのファイルはどこにあってもインポートできるわけではありません。モジュール検索パスというものがあり、その中にあるものがインポートされます。モジュール検索パスは、sysモジュールのpathで調べることができます。sys.pathは検索パスのリストで、インデックス0にカレントディレクトリ（現在の作業フォルダのこと）が入ります。

対話モードでsys.pathを確認

```
>>> import sys ············sysモジュールをインポート
>>> sys.path ············sys.pathを表示
['C:¥¥Users¥¥ohtsu¥¥Documents¥¥ghkwPython', ············カレントディレクトリ
'C:¥¥Users¥¥ohtsu¥¥AppData¥¥Local¥¥Programs¥¥Python¥¥Python39¥¥Lib¥¥idlelib',
……中略……
'C:¥¥Users¥¥ohtsu¥¥AppData¥¥Local¥¥Programs¥¥Python¥¥Python39¥¥lib¥¥site-
packages']
```

モジュールに実行可能な処理が書かれていた場合

インポートするモジュールに、関数やクラスの定義以外のもの、つまり実行可能な処理が書かれていたらどうなると思う？

どうなるんだろう？　無視されるかな？

インポート時点で実行されるんだよ

クラスの動作テスト用のコードなどをモジュールに残しておきたいこともあります。しかし、関数定義やクラス定義と違い、定義のブロック外に書いた処理はインポート時に実行されてしまいます。これを防ぐには、モジュールが直接実行されたのか、他のモジュールにインポートされたのかを識別しなければいけません。

そのために特別なグローバル変数__name__が用意されています。モジュールが直接実行された場合は（**mainモジュール**と呼びます）、__name__に'__main__'が入ります。他のモジュールにインポートして実行した場合は、__name__にはモジュール名が入ります。これをif文でチェックすれば、実行状態を識別できます。

c5_9_2_reversed_text.py

```
class ReversedText:
    ……中略……
    def __str__(self):
        return self.reversed

rtext = ReversedText('さかさことば')
print(rtext)
```

インポート時にこの部分が実行される

c5_9_2_reversed_text.py

```
class ReversedText:
    ……中略……
    def __str__(self):
        return self.reversed

if __name__ == '__main__':
    rtext = ReversedText('さかさことば')
    print(rtext)
```

このモジュールが直接実行されたときだけ実行されるようにする

先ほど作成したモジュールをもとに、__name__を確認する処理を加えてみましょう。

c5_9_2_reversed_text.py

```
001 class ReversedText:
002     def __init__(self, text):
003         self.source = text
004         self.reverse = text[::-1]
005
006     def is_palindrome(self):
007         return self.source == self.reverse
008
009     def __str__(self):
010         return self.reverse
011
012
013 print(f'***現在の名前は{__name__}***') ............__name__を表示（常に実行される）
014 if __name__ == '__main__': ............mainモジュールのときに実行
015     print('mainモジュールのときだけ実行')
016     rtext = ReversedText('さかさことば')
017     print(rtext)
018     print(rtext.is_palindrome())
```

このモジュールを単独で実行すると、次のように表示されます。単純にc5_9_2_reversed_text.pyに書かれたすべての処理が実行されています。

実行結果

```
***現在の名前は__main__***
mainモジュールのときだけ実行
ばとこさかさ
False
```

クラスの動作テストが目的だったら、メソッドやインスタンス変数をひと通り試しておこう

次は別のモジュールにインポートして実行してみましょう。

c5_9_2.py

```
001 from c5_9_2_reversed_text import ReversedText
002 
003 print(ReversedText('たけやぶやけた'))
```

実行結果

```
***現在の名前はc5_9_2_reversed_text***
たけやぶやけた
```

この結果を見ると、c5_9_2_reversed_text.pyの13行目の「print(f'***現在の名前は{__name__}'***)」は常に実行されることがわかります。14行目以降の処理はスキップされ、c5_9_2.pyの3行目が実行されます。

実行の仕方で結果が変わるのって、不思議な感じだね

そうだね。if __name__ == '__main__':は、モジュール内の関数やクラスの動作をチェックするための、テスト用コードを書くときに使うと便利だよ

モジュールとパッケージ

複数のモジュールで構成される複雑なライブラリを作りたい場合、配布しやすくするために、モジュールをまとめる「パッケージ」を作成します。ファイルをフォルダにまとめるようなものです。

- 6.4. パッケージ
  https://docs.python.org/ja/3/tutorial/modules.html#packages

関数もクラスも覚えることが多かったね

そうだね。全部を今すぐ覚えきる必要はないけど、知っておくと他の人の書いたプログラムを読むときにも役立つよ

まとめ

- 関数はdef文を使って定義する
- 関数内で定義したローカル変数は、関数外から利用できない。関数と外部のやりとりは、基本的に引数と戻り値を使って行う
- 関数の引数には、「位置引数」「キーワード引数」「可変長位置引数」「可変長キーワード引数」がある
- クラスはオブジェクトの設計図であり、class文を使うとクラスを定義できる
- クラスの中にはメソッドを定義できる。def文を使って定義するが、第1引数にselfを受け取る
- 特殊メソッドは特定のタイミングで自動的に呼び出される。特殊メソッドを定義すると、インスタンスの初期化や文字列としての表示状態、数値のような計算などが行えるようになる
- 「.py」ファイルをモジュールといい、import文で取り込んで利用できる
- 直接実行されているモジュール（mainモジュール）かどうかは、グローバル変数__name__で確認できる

Chapter 6

サードパーティ製ライブラリで世界はさらに広がる

1 Section サードパーティ製ライブラリとは

このChapterでは、いよいよサードパーティ製ライブラリに触れていくよ

サードパーティ製ライブラリを使えば、標準ライブラリよりもさらにできることが増えるんだよね

そう、データ分析、機械学習、スクレイピング、画像処理、Webアプリやデスクトップアプリの開発などなど、いろんなことができるようになるよ

そんなにたくさん使いこなせるかな……

全部は無理だよ。使いたいものを選んで挑戦しよう

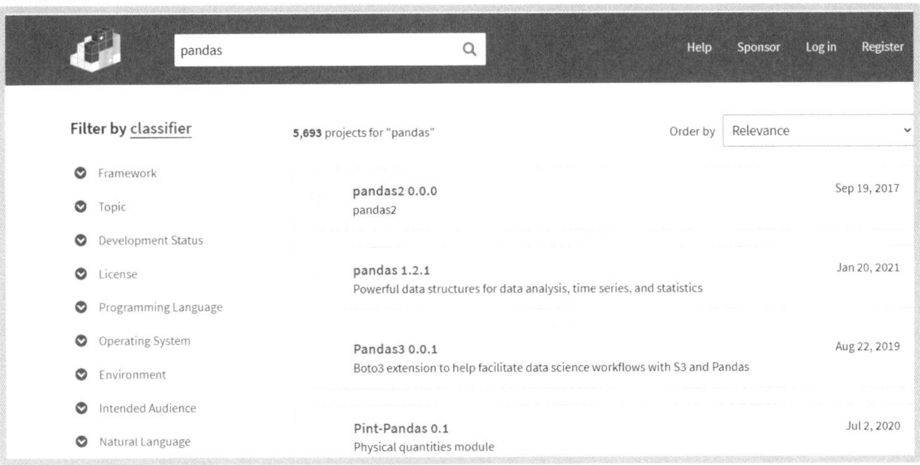

- サードパーティ製ライブラリが登録されているPyPI（パイピーアイ）で検索
  https://pypi.org/

pandasとTensorFlow

今回は数あるライブラリの中から、データ分析用のpandas（パンダス）と、機械学習用のTensforFlow（テンソルフロー）に挑戦してみよう

わわっ、どっちも難しそう。野性のカンでそう思った

簡単ではないね。でもデータ分析と機械学習は、多くの人がPythonでやってみたいことだから、軽くでも触れておいたほうがいいよ

「何ができるのか」ぐらいはわかりたいなぁ

サードパーティ製ライブラリを使おう

サードパーティ製ライブラリに挑戦する前に、使うための準備について説明しよう

標準ライブラリみたいにインポートするだけじゃないの？

サードパーティ製ライブラリは、インストールが必要だよ。pipというコマンドを使うんだ

サードパーティ製ライブラリとpipコマンド

Chapter 1でも簡単に紹介しましたが、Pythonの汎用性は充実したライブラリに支えられています。サードパーティ製ライブラリの配布物を**パッケージ**といいます。パッケージはPyPI（The Python Package Index）というサイトに登録され、**pip（ピップ）**というコマンドで手元の環境にインストールできます。

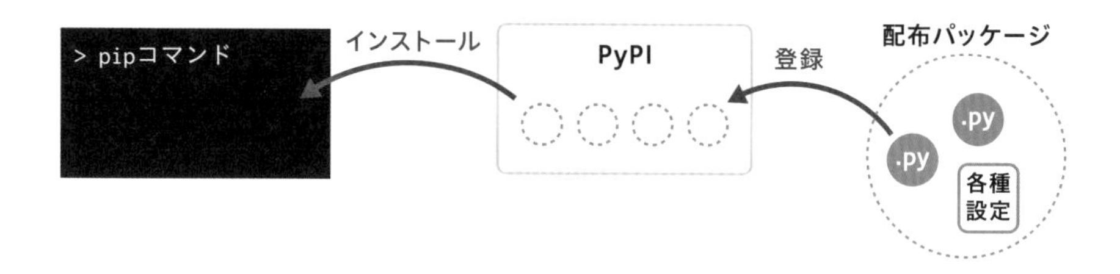

pipコマンドはIDLEのシェルウィンドウではなく、コマンドプロンプトやターミナルで実行してね

サードパーティ製ライブラリのジャンル

サードパーティ製ライブラリは、小さなものから大きなものまで大量に存在します。代表的なものを表にまとめましたが、これもほんの一部です。データ分析から、Webアプリやゲームの開発まで、ライブラリ次第で幅広く対応できます。

ジャンル	パッケージ
データ分析	pandas Matplotlib
科学技術計算	NumPy SciPy
機械学習	scikit-learn PyTorch TensorFlow
テキスト解析	Janome
Webアクセス (スクレイピング)	Beautiful Soup Requests

ジャンル	パッケージ
画像処理	Pillow (PIL)
ビジネス	openpyxl PDFMiner
Webフレームワーク	Django Flask Bottle
GUI開発	Tkinter (標準) PyQt wxPython
ゲーム開発	Pygame

たくさんありすぎて、どこから手を付けたらいいかわからないね

まず、自分が何をやりたいのかを、整理しないとね。このChapterでもいくつかピックアップして挑戦してみるよ

Anaconda と Conda-forge

Anaconda (P.19参照) では、PyPIとpipコマンドの代わりに、Conda-forgeとcondaコマンドでパッケージをインストールします。Conda-forgeは、Python以外の言語やパッケージにも対応しているなどのメリットがありますが、1つのパソコン内でpipとcondaを使うとトラブルが起きることがあります。同時に使うのは避けましょう。本書ではpipのみ使用します。

インストール済みのパッケージを確認する

まずインストール済みのパッケージを確認してみましょう。コマンドプロンプトを起動し、「pip list」というコマンドを実行します。macOSではターミナルを起動して「pip3 list」としてください。

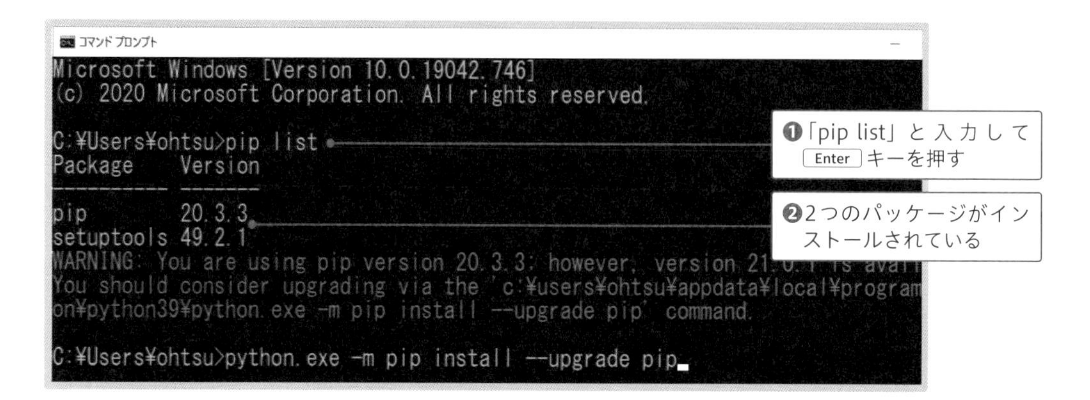

上の画像のように「新しいバージョンのpipがある」という警告（WARNING: You are using...）が表示された場合は、「python.exe -m pip install --upgrade pip」などのコマンドを実行してpip自体をアップグレードしてください。macOSの場合は別の警告が表示されるのでそれにしたがってください。

へー、pip自体をpipでアップグレードできるんだね

パッケージをインストールする

パッケージをインストールするには、「pip install」のあとにインストールしたいパッケージ名を書きます。複数のパッケージ名を半角スペース区切りで並べて同時にインストールすることもできます。

次のセクションで利用するpandas（パンダス）をインストールしてみましょう。pandasは表形式のデータを加工するためのライブラリです。

パッケージのインストール

```
pip install pandas
```

pandasは、numpyなど他のパッケージの機能を利用しているため、それらも同時にインス

トールされます。

コマンド プロンプト

```
C:¥Users¥ohtsu>pip install pandas
Collecting pandas
  Downloading pandas-1.2.1-cp39-cp39-win_amd64.whl (9.3 MB)
     |████████████████████████████████| 9.3 MB 1.3 MB/s
Collecting numpy>=1.16.5
  Downloading numpy-1.20.1-cp39-cp39-win_amd64.whl (13.7 MB)
     |████████████████████████████████| 13.7 MB 1.1 MB/s
Collecting pytz>=2017.3
  Downloading pytz-2021.1-py2.py3-none-any.whl (510 kB)
     |████████████████████████████████| 510 kB 1.6 MB/s
Collecting python-dateutil>=2.7.3
  Using cached python_dateutil-2.8.1-py2.py3-none-any.whl (227 kB)
Collecting six>=1.5
  Using cached six-1.15.0-py2.py3-none-any.whl (10 kB)
Installing collected packages: six, pytz, python-dateutil, numpy, pandas
Successfully installed numpy-1.20.1 pandas-1.2.1 python-dateutil-2.8.1 pytz-2021.1 six-1.15.0

C:¥Users¥ohtsu>
```

❶「pip install pandas」と入力して Enter キーを押す

❷pandasと関連パッケージがインストールされている

「Successfully」と表示されたらインストール成功です。

たまに最新パッケージで仕様が変更されて、作成済みのプログラムが動かなくなることがあります。その場合は、「pip install パッケージ名==バージョン」と書くことで、特定のバージョンをインストールできます。また、パッケージをアンインストールするには「pip uninstall パッケージ名 -y」を実行します（関連パッケージはアンインストールされません）。

バージョン指定、アンインストール

```
pip install pandas==1.2.1

pip uninstall pandas -y
```

仮想環境venv

パッケージの更新によってプログラムが動かなくなることを避けるために、プロジェクトごとに異なるバージョンのパッケージを使いたいこともあります。そのために、仮想環境を作るvenvというモジュールが用意されています。フォルダ（ディレクトリ）ごとにパッケージをインストールできるため、1台のパソコン内で異なるバージョンのパッケージを混在できます。

- **venv --- 仮想環境の作成**
  https://docs.python.org/ja/3/library/venv.html

Section 3 pandasで表データを分析しよう

まずはpandas（パンダス）に挑戦してみよう。表データを編集、分析する機能がまとまったライブラリで、表計算ソフトみたいなことができるよ

最近人気のデータサイエンスってやつだね

そんな感じ。編集したデータをグラフにすることもできるよ

pandasとは

pandasは表形式のデータを編集、分析するためのライブラリです。表データの編集、絞り込み、値の加工や、平均値などの統計計算を行う機能などが集められています。Excelなどの表計算ソフトのようなことができると考えるとわかりやすいでしょう。

pandasでは、表データ全体を**DataFrameオブジェクト**として扱い、1列分のデータは**Seriesオブジェクト**となります。

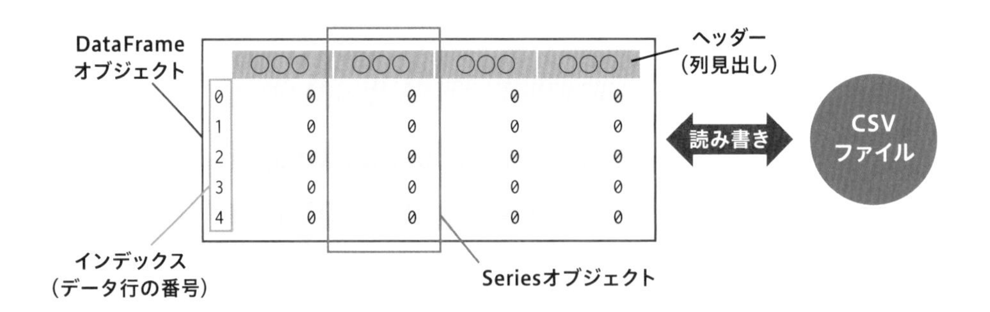

今回はグラフを作成するMatplotlibも利用するので、あわせてインストールしましょう。

pandasとMatplotlibのインストール

```
pip install pandas matplotlib
```

- pandas API Reference
  https://pandas.pydata.org/docs/reference/index.html

- Matplotlib Document
  https://matplotlib.org/3.3.3/contents.html

統計データを探す

データ分析を行うためには、分析対象のデータが必要です。今回は総務省のe-Statで公開されている人口データを使用します。大正、昭和、平成にかけて、5歳ごとの人口を記録したものです。都道府県別のデータもありますが、今回は全国一律のものを使用します。

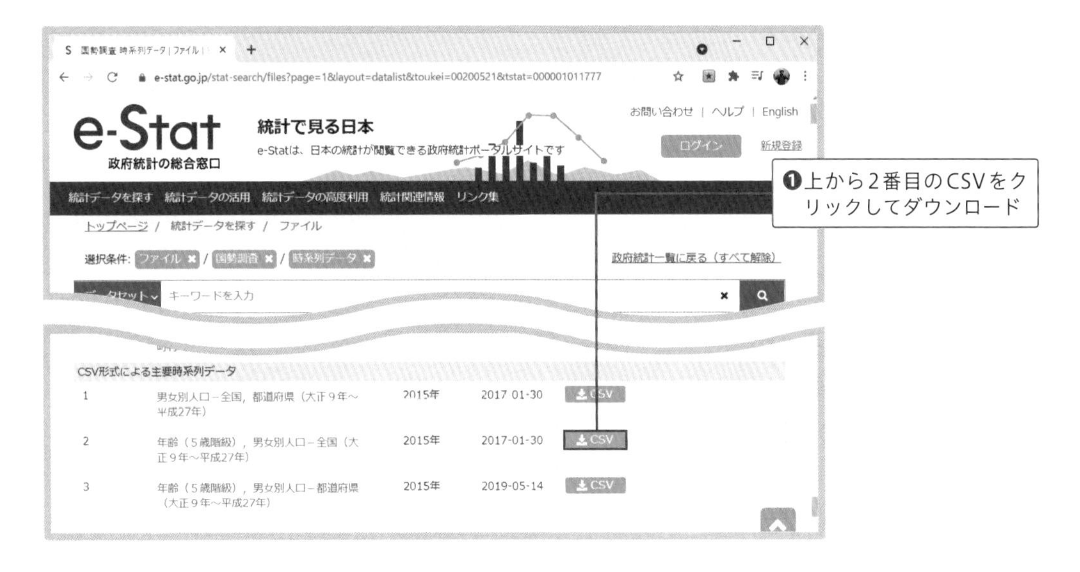

- 国勢調査 CSV形式による主要時系列データ

https://www.e-stat.go.jp/stat-search/files?page=1&layout=datalist&toukei=00200521&tstat=000001011777

URLを入力する代わりにGoogleで「国勢調査 CSV形式による主要時系列データ」で検索してもかまいません。

ダウンロードしたデータは、カンマで区切られたCSV形式のテキストファイルです。ほぼそのまま使える形式ですが、ファイルの最後に「注」が入っているため、プログラムで処理しやすいようメモ帳などのアプリでファイルを開き、手作業で削除しておきましょう。注を削除したファイル（c6_c02.csv）をサンプルとしても配布します。

c02.csv - メモ帳

ファイル(F)　編集(E)　書式(O)　表示(V)　ヘルプ(H)

```
"平成",27,2015,"70〜74歳",7695811,3582440,4113371
"平成",27,2015,"75〜79歳",6276856,2787417,3489439
"平成",27,2015,"80〜84歳",4961420,1994326,2967094
"平成",27,2015,"85〜89歳",3117257,1056641,2060616
"平成",27,2015,"90〜94歳",1349120,333335,1015785
"平成",27,2015,"95〜99歳",359347,63265,296082
"平成",27,2015,"100〜104歳",57847,7991,49856
"平成",27,2015,"105〜109歳",3770,383,3387
"平成",27,2015,"110歳以上",146,9,137
"各年の注"
"昭和15年　朝鮮，台湾，樺太及び南洋群島以外の国籍の外国人(39237人)を除く「全人口」である。
"

"昭和15年　年齢「不詳」を含む。"
"昭和20年　年齢は数え年である。"
"昭和20年　沖縄県を除く。"
"昭和25年　年齢「不詳」を含む。　"
"昭和25年　沖縄県の70歳以上の外国人136人(男子55人，女子81人)を除く。"
"昭和30年　年齢「不詳」を含む。　"
"昭和30年　沖縄県を除く（沖縄県の70歳以上の人口は，男8090人，女15238人)。"
"昭和35年・40年　沖縄県の年齢「不詳」を含む。"
"昭和50年〜平成27年　年齢「不詳」を含む。"
```

ダウンロードしたc02.csvをテキストエディタで開いた状態（枠内は注）

数字がいっぱい！　このデータから何がわかるのかな？

時系列のデータだから、まず人口の推移がわかるよね。あと、年齢層で区分されているから、どの年齢層が多いかとかも見えると思うよ

CSVファイルを読み込む

CSVファイルを読み込んで、DataFrameオブジェクトにしましょう。**read_csv関数**を利用します。今回のCSVファイルは文字コードがシフトJISなので、引数encodingにshift-jisを指定します。プログラムファイルとCSVファイルは、同じフォルダに置きます。

c6_3_1.py

```
001 import pandas
002 
003 pandas.set_option('display.unicode.east_asian_width', True)
004 
005 df = pandas.read_csv('c6_c02.csv', encoding='shift-jis')
006 print(df)
```

3行目のpandas.setoptionは、表示結果を日本語に合わせる設定です。これがないと、列がきれいにそろいません。

実行結果

```
     元号  和暦（年）  西暦（年）  ...  人口（総数）  人口（男）  人口（女）
0    大正         9       1920  ...    55963053    28044185    27918868
1    大正         9       1920  ...     7457715     3752627     3705088
2    大正         9       1920  ...     6856920     3467156     3389764
3    大正         9       1920  ...     6101567     3089225     3012342
4    大正         9       1920  ...     5419057     2749022     2670035
..    ...       ...        ...  ...         ...         ...         ...
390  平成        27       2015  ...     1349120      333335     1015785
391  平成        27       2015  ...      359347       63265      296082
392  平成        27       2015  ...       57847        7991       49856
393  平成        27       2015  ...        3770         383        3387
394  平成        27       2015  ...         146           9         137

[395 rows x 7 columns]
```

非常に長いデータなので、IDLEのシェルウィンドウの表示結果は一部が省略されます。

データの一部を省略する

データが多いので、列や行を絞り込んでみましょう。データの絞り込みには、**locプロパティ**を使います。範囲の指定方法が少し複雑です。

locプロパティの書式

```
df2 = df.loc[行の指定, 列の指定]
```

locプロパティの使用例

```
df2 = df.loc[1:10]…………1～10行目を抜き出す
df2 = df.loc[1:10, '西暦（年）']…………西暦列の1～10行目を抜き出す
df2 = df.loc[:, ['西暦（年）','人口（総数）'] ]…………西暦列と人口列を抜き出す
df2 = df.loc[df2['和暦（年）'] == '大正']…………和暦が「大正」の行を抜き出す
df2 = df.loc[df2['和暦（年）'] != '大正']…………和暦が「大正以外」の行を抜き出す
```

今回は「西暦（年）」「年齢5歳階級」「人口（総数）」の3列だけを利用します。また、「年齢5歳階級」列に「総数」と入っている行はその年の全人口の合計です。今回は年齢階級だけを使いたいので、「総数」の行を取り除きます。

c6_3_2.py

```
001 import pandas
002
003 pandas.set_option('display.unicode.east_asian_width', True)
004
005 df = pandas.read_csv('c6_c02.csv', encoding='shift-jis')
006 df2 = df.loc[:, ['西暦（年）','年齢5歳階級', '人口（総数）']] ……3列抜き出す
007 df3 = df2.loc[df2['年齢5歳階級'] != '総数'] ……「総数以外」にする
008 print(df3)
```

実行結果

```
       西暦（年）年齢5歳階級   人口（総数）
1          1920      0～4歳      7457715
2          1920      5～9歳      6856920
3          1920    10～14歳      6101567
4          1920    15～19歳      5419057
5          1920    20～24歳      4609310
..          ...         ...          ...
392        2015  100～104歳        57847
393        2015  105～109歳         3770
394        2015   110歳以上          146

[375 rows x 3 columns]
```

データが整理できたね！ locのあとはリストみたいに角カッコ付けるんだね。わかりやすいような、ややこしいような……

そうね。基本は行と列の2つの指定だけど、リストやスライス、条件式を使い分けるところが難しいね

- pandas.DataFrame.loc
  https://pandas.pydata.org/pandas-docs/stable/reference/api/pandas.DataFrame.loc.html

列の内容を処理する

年齢5歳階級には「0～4歳」や「85歳以上」「110歳以上」などの文字列が入っています。これはあとでグラフにするときに都合が悪いので、階級の最小値を取った「0」「5」「85」「110」などの整数にしましょう。

DataFrameオブジェクトの1つの列の全データを同じように変更する場合、繰り返し処理を行う必要はありません。次のように書くだけで、列の全データに対して処理が行われます。

列に対する処理

```
df['列名'] * 3 ………列の全データに3を掛ける
df['列名'].文字列操作メソッド() ………列の全データに文字列処理
```

これらの結果は列を表すSeriesオブジェクトになるので、**pandas.concat関数**を使って、加工後の列をもとのDataFrameオブジェクトに連結したDataFrameオブジェクトを生成します。

c6_3_3.py

```
001 import pandas
002 
003 pandas.set_option('display.unicode.east_asian_width', True)
004 
005 df = pandas.read_csv('c6_c02.csv', encoding='shift-jis')
006 df2 = df.loc[:, ['西暦（年）','年齢5歳階級', '人口（総数）']]
007 df3 = df2.loc[df2['年齢5歳階級'] != '総数']
008 
009 rank = df3['年齢5歳階級'].replace('[～|歳以上].*', '', regex=True) ………文字列置換
010 rank.name='rank' ………列見出しを指定
011 rank = pandas.to_numeric(rank, errors='coerce') ………数値に変換
012 df4 = pandas.concat([df3, rank], axis=1) ………表に連結
013 print(df4)
```

実行結果

```
     西暦（年）年齢5歳階級　人口（総数） rank
1         1920      0～4歳     7457715     0
2         1920      5～9歳     6856920     5
3         1920     10～14歳    6101567    10
4         1920     15～19歳    5419057    15
5         1920     20～24歳    4609310    20
..         ...        ...        ...   ...
390       2015     90～94歳    1349120    90
391       2015     95～99歳     359347    95
392       2015    100～104歳     57847   100
393       2015    105～109歳      3770   105
394       2015     110歳以上       146   110

[375 rows x 4 columns]
```

9行目のreplaceメソッドは正規表現で「～xx歳」と「歳以上」を取り除いているんだ。ここで注意してほしいのは「～(波ダッシュ)」と「～(全角チルダ)」を取り違えないこと。見た目ではほとんど区別できないから、CSVファイルの文字をコピーしたほうがいいよ

ピボットテーブルを作成する

各年の年齢層ごとの人口を見たいので、現在のデータをもとに、行方向の見出しを「西暦(年)」、列方向の見出しを「年齢5歳階級」にした表を作成します。このような集計方法をピボットテーブルやクロス集計といい、**pivot_tableメソッド**で行うことができます。

pivot_tableメソッドの書式

```
df.pivot_table(index='行方向の見出し', columns='列方向の見出し', values='値')
```

c6_3_4.py

```
001 import pandas
002
003 pandas.set_option('display.unicode.east_asian_width', True)
004
005 df = pandas.read_csv('c6_c02.csv', encoding='shift-jis')
006 df2 = df.loc[:, ['西暦（年）','年齢5歳階級', '人口（総数）']]
007 df3 = df2.loc[df2['年齢5歳階級'] != '総数']
008
009 rank = df3['年齢5歳階級'].replace('[～|歳以上].*', '', regex=True)
010 rank.name='rank'
011 rank = pandas.to_numeric(rank, errors='coerce')
012 df4 = pandas.concat([df3, rank], axis=1)
013
014 df5 = df4.pivot_table(index='西暦（年）', columns='rank', values='人口（総数）')
015 print(df5) ………… ピボットテーブルを作成して表示
```

実行結果

```
rank                0           5          10  ...      100     105   110
西暦（年）                                      ...
1920        7457715.0   6856920.0   6101567.0  ...      NaN     NaN   NaN
1925        8264583.0   6924432.0   6735030.0  ...      NaN     NaN   NaN
1930        9011135.0   7767085.0   6801045.0  ...      NaN     NaN   NaN
1935        9328501.0   8531419.0   7685247.0  ...      NaN     NaN   NaN
1940        9128009.0   8833598.0   8407101.0  ...      NaN     NaN   NaN
1945        9250418.0   8581401.0   8645267.0  ...      NaN     NaN   NaN
1950       11350580.0   9624478.0   8811354.0  ...      NaN     NaN   NaN
1955        9381512.0  11156015.0   9585370.0  ...      NaN     NaN   NaN
……中略……
1990        6492897.0   7466557.0   8526785.0  ...      NaN     NaN   NaN
1995        5995254.0   6540671.0   7477805.0  ...      NaN     NaN   NaN
2000        5904098.0   6021789.0   6546612.0  ...      NaN     NaN   NaN
2005        5578087.0   5928495.0   6014652.0  ...  23873.0  1458.0  22.0
```

```
2010         5296748.0   5585661.0   5921035.0  ...  41318.0  2486.0   78.0
2015         4987706.0   5299787.0   5599317.0  ...  57847.0  3770.0  146.0

[20 rows x 23 columns]
```

これは1920年の0歳児だと7457715.0人で、2015年だと4987706.0人って読み取ればいいのかな？　数が多すぎてよくわからない……

だよね。そういうわけで変化がわかりやすいようグラフにしてみよう

折れ線グラフを作成する

DataFrameオブジェクトからグラフを表示すること自体は非常に簡単で、DataFrameオブジェクトの**plotメソッド**でグラフを作成して、**plt.showメソッド**で表示するだけです。ただし、日本語が文字化けしたり、数値軸の目盛りが科学計算用だったり、凡例がグラフに重なってしまったりするので、それらを調整するための処理を追加します。

c6_3_5.py

```
001 import pandas
002 import matplotlib.pyplot as plt ……グラフ関連のクラスなどをインポート
003 from matplotlib import ticker
004 from matplotlib import rcParams
005 
006 rcParams['font.family'] = 'sans-serif' ……グラフのフォントを設定
007 rcParams['font.sans-serif'] = ['Hiragino Maru Gothic Pro', 'Yu Gothic']
008 
009 pandas.set_option('display.unicode.east_asian_width', True)
010 
011 df = pandas.read_csv('c6_c02.csv', encoding='shift-jis')
012 df2 = df.loc[:, ['西暦（年）','年齢5歳階級', '人口（総数）']]
```

```
013 df3 = df2.loc[df2['年齢5歳階級'] != '総数']
014 
015 rank = df3['年齢5歳階級'].replace('[～|歳以上].*', '', regex=True)
016 rank.name='rank'
017 rank = pandas.to_numeric(rank, errors='coerce')
018 df4 = pandas.concat([df3, rank], axis=1)
019 
020 df5 = df4.pivot_table(index='西暦（年）', columns='rank', values='人口（総数）')
021 
022 ax = df5.plot(figsize=(9, 6)) ············グラフを作成
023 ax.yaxis.set_major_formatter(ticker.StrMethodFormatter('{x:,.0f}')) ············軸の設定
024 ax.legend(loc='upper left',bbox_to_anchor=(0.99, 1.0)) ············凡例の位置調整
025 plt.show() ············グラフを表示
```

実行すると、シェルウィンドウからグラフのウィンドウが表示されます。

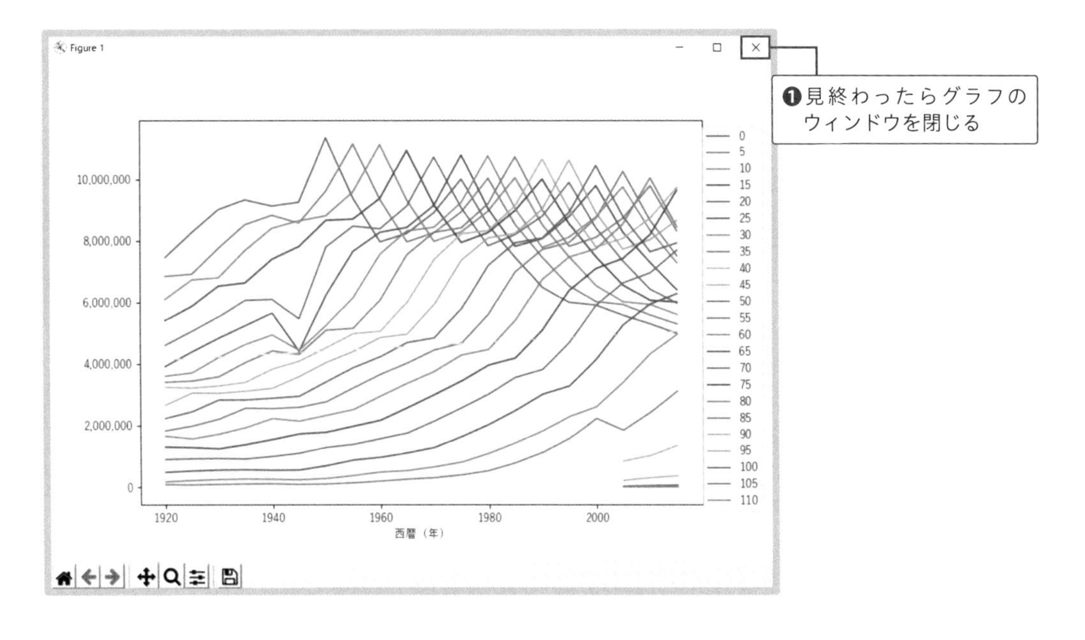

すご！　プログラムでグラフが作れた。グラフの一番高いところが、連山みたいになっているのは何？　深い謎がありそう……

これはそんなに難しい話じゃないの。1950年の0歳児が一番多くて、その子達が5歳になった1955年でも一番多い、10歳になった1960年でも一番多いってことよ

そっか。考えてみたら当たり前だね！

面グラフを表示する

plotメソッドの引数kindでグラフの種類を指定できます。「kind='area'」を追加して、面グラフにしてみましょう。面グラフは総量と構成比を同時に見られるグラフです。

c6_3_6.py（c6_3_5.pyの22行目を編集）

```
    ……中略……
022 ax = df5.plot(kind='area', figsize=(9, 6)) ············引数kindを追加
023 ax.yaxis.set_major_formatter(ticker.StrMethodFormatter('{x:,.0f}'))
024 ax.legend(loc='upper left',bbox_to_anchor=(0.99, 1.0))
025 plt.show()
```

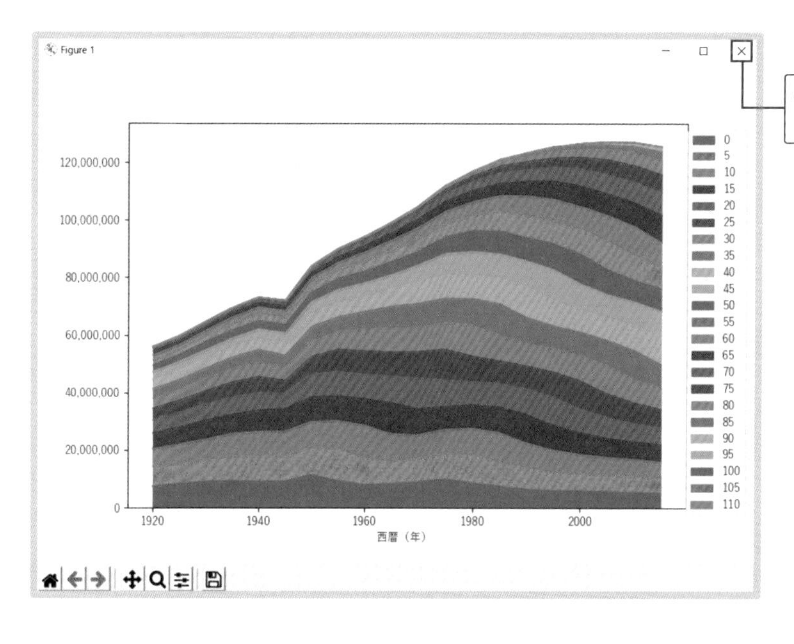

❶見終わったらグラフのウィンドウを閉じる

あっ、少子高齢化が見える。5歳ごとだと多すぎるから、10歳ごとぐらいにまとめられないかな？

ちょっと雑だけど、内包表記とconcatメソッド使ってピボットテーブルを2列ごと足してみよう

c6_3_7.py（c6_3_6.pyに21行目を追加し、23行目を編集）

```
      ……中略……
020  df5 = df4.pivot_table(index='西暦（年）', columns='rank', values='人口（総数）')
021  df6 = pandas.concat([df5[x] + df5[x+5] for x in range(0, 110, 10)], axis=1)
022                                          ……内包表記で2列を足したリストを作って連結
023  ax = df6.plot(kind='area', figsize=(9, 6)) ………df6をグラフに
024  ax.yaxis.set_major_formatter(ticker.StrMethodFormatter('{x:,.0f}'))
025  ax.legend(loc='upper left',bbox_to_anchor=(0.99, 1.0))
026  plt.show()
```

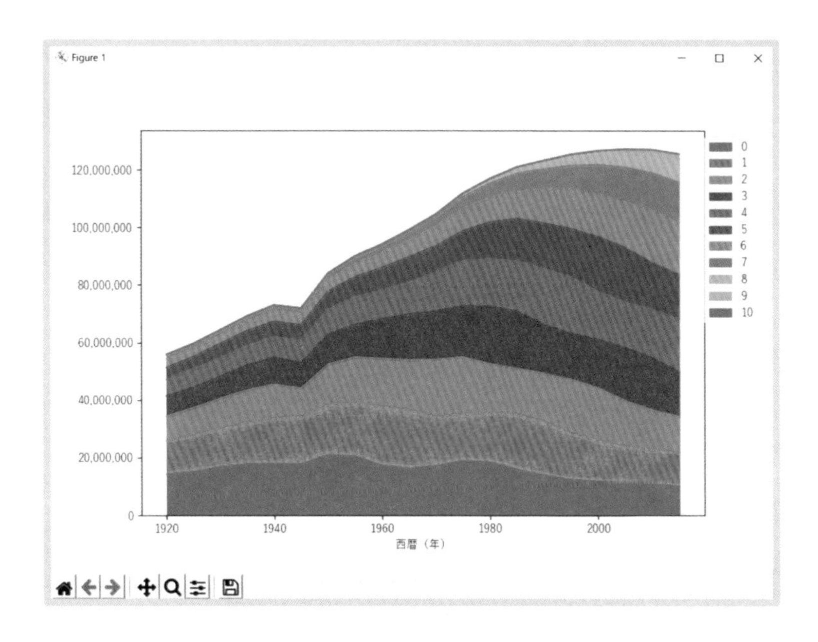

凡例が変になったけど、10歳ごとのグラフになったことはわかるね

Chapter 6-3 pandasで表データを分析しよう

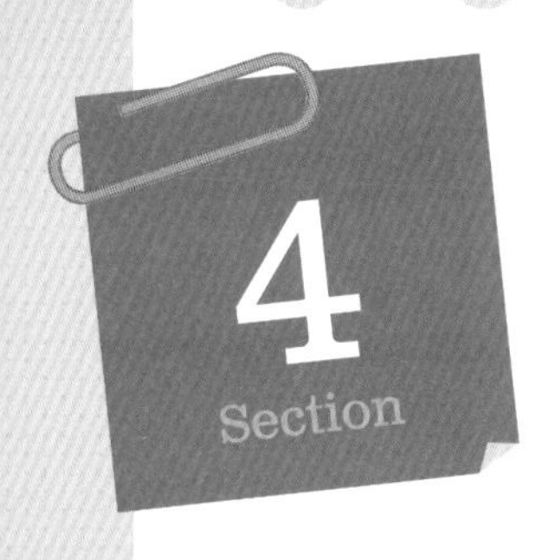

TensorFlowで AI技術を体験しよう

AI技術を使ったら、さっきの人口データから高齢化の解決方法とかわかったりしないかな？

AI技術っていうのは、問題の解決方法を教えてくれるものじゃないの。人口データから導き出せるのは、AI技術を使わなくてもできる増減の予測ぐらいだよ

じゃあ、AI技術って何ができるの？

「画像に何が映っているのかを認識する」とかいろいろあるけど、まずは軽く体験してみよう

機械学習とTensorFlow

現在のAI技術の用途としては、自動運転などに使われる画像認識、商品をすすめるリコメンド、本物と見まがう画像や音声の合成、囲碁や将棋の対戦、再犯の予測など、さまざまなものがあります。これらをまとめると、AI技術ができることは、大まかに次の2つに分類できるといえそうです。

- **人間と同じように物を認識し、分類する**
- **人間が気付かない関係性を見い出し、そこから将来を予測する**

これらに共通するのは、「既存のデータを分析して特徴を見出し、人間の役に立つ答えを導き出す」というものです。近年のAI技術では、「既存データから特徴を見出す」部分を半自動で行う**機械学習**が主力となっています。話題のキーワードとしてよく耳にする、「ニューラルネットワーク」や「ディープラーニング」も、機械学習の1分野です。

機械学習が生まれる前は、人間がデータを分析して特徴を探していたんだよ。それが自動的に学習できるようになり、格段に精度が上がったわけ

そういえば、猫の画像を学習させるAI技術のデモ、見たことがあるよ

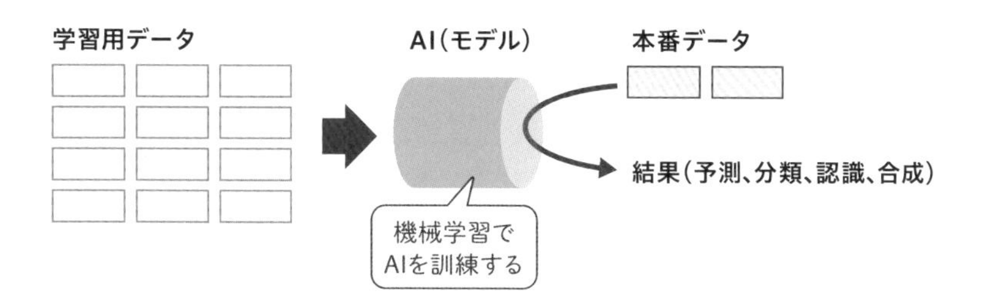

今回はAI技術の体験として、**TensorFlow（テンソルフロー）**に触れてみましょう。TensorFlowはGoogleが開発した機械学習のライブラリです。読者の皆さんのパソコンでも動かせますが、Google Colaboratory（グーグル・コラボレイトリー）というオンラインサービスから簡単に利用できます。

● TensorFlowの公式ページ
https://www.tensorflow.org/?hl=ja

TensorFlowのチュートリアルに触れてみよう

TensorFlowはWebブラウザで体験できるチュートリアルが充実しています。今回はその中の1つに触れてみましょう。**Googleドライブ**を使用するので、事前にGoogleアカウントを作成しておいてください。

「はじめてのニューラルネットワーク:分類問題の初歩」では、大量の衣類の画像を学習して、それが靴下なのかシャツなのかを判別する分類処理を体験できます。Webページを表示したら、＜Run in Google Colab＞をクリックしてください。

● はじめてのニューラルネットワーク：分類問題の初歩
https://www.tensorflow.org/tutorials/keras/classification?hl=ja

Google ColaboratoryのWebページが表示されます。先ほどのWebページと似ていますが、Google ColaboratoryはJupyter Notebook（P.21参照）を利用したオンラインサービスで、Webページ内のPythonプログラムを実行できます。実際に実行する前に、＜ドライブにコピー＞をクリックして自分のGoogleドライブにページの複製を作ってください。

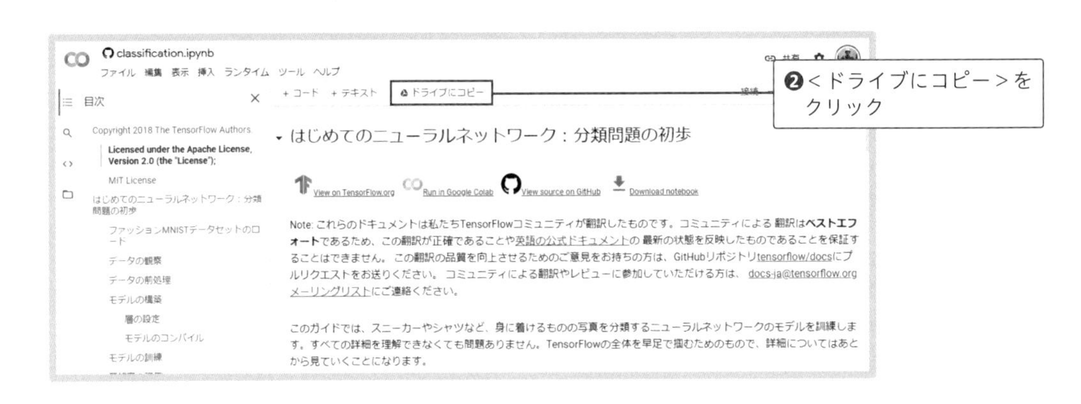

Googleドライブにコピーされました。この状態で学習を進めます。

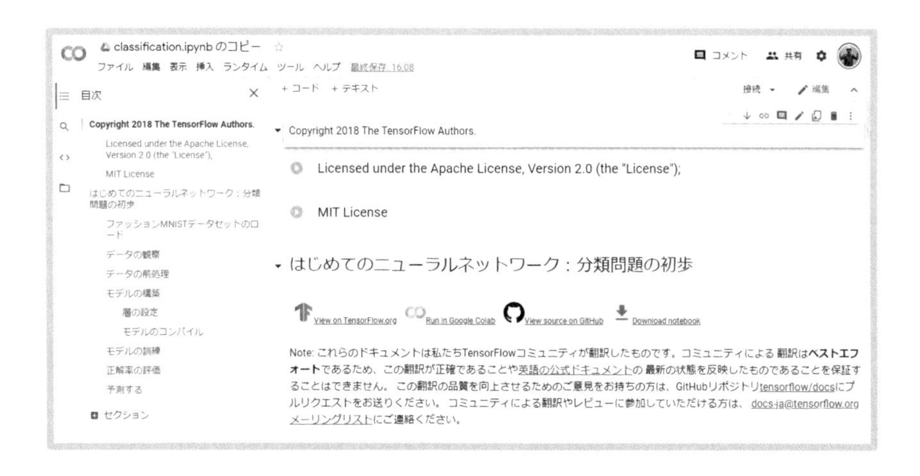

少しスクロールすると、Pythonのプログラム（コードセル）が出てきます。import文があるのでライブラリをインポートしているようです。実行してみましょう。

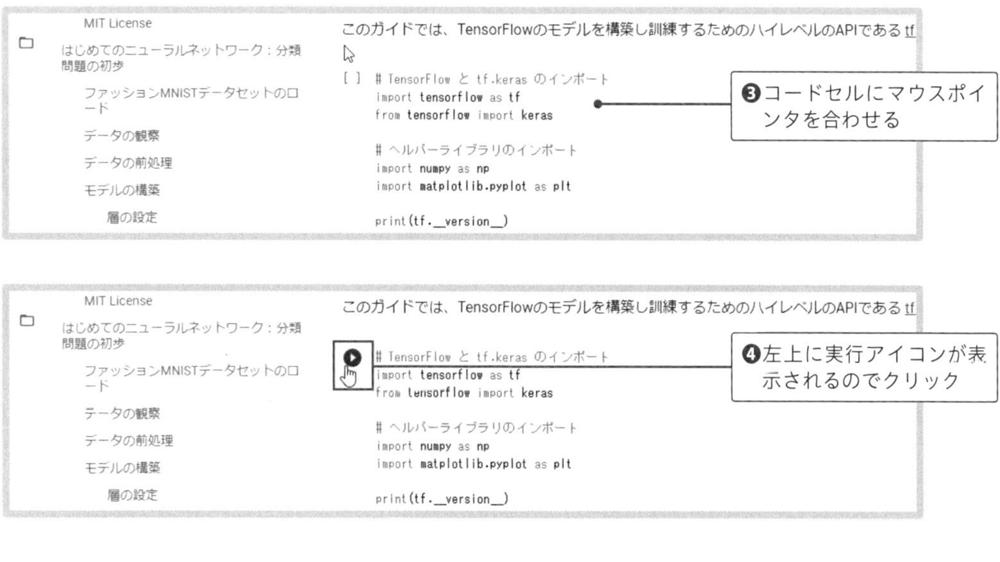

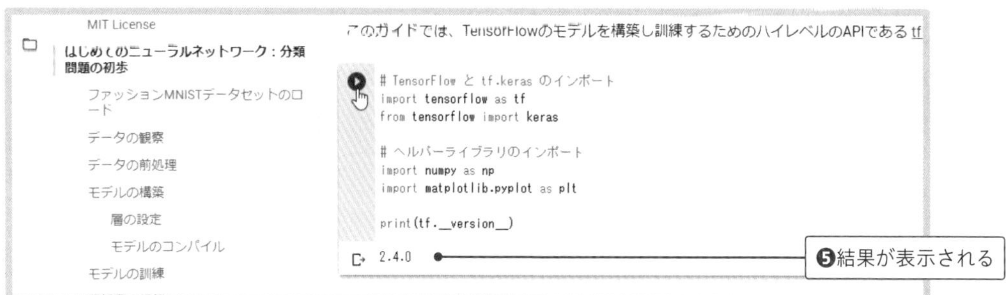

学習用のデータを用意する

まずはAIにデータを学習させなければいけません。大量の衣類の画像と、それらが何であるかを示す**ラベル**のデータがあらかじめ用意されているので、それを取得します。

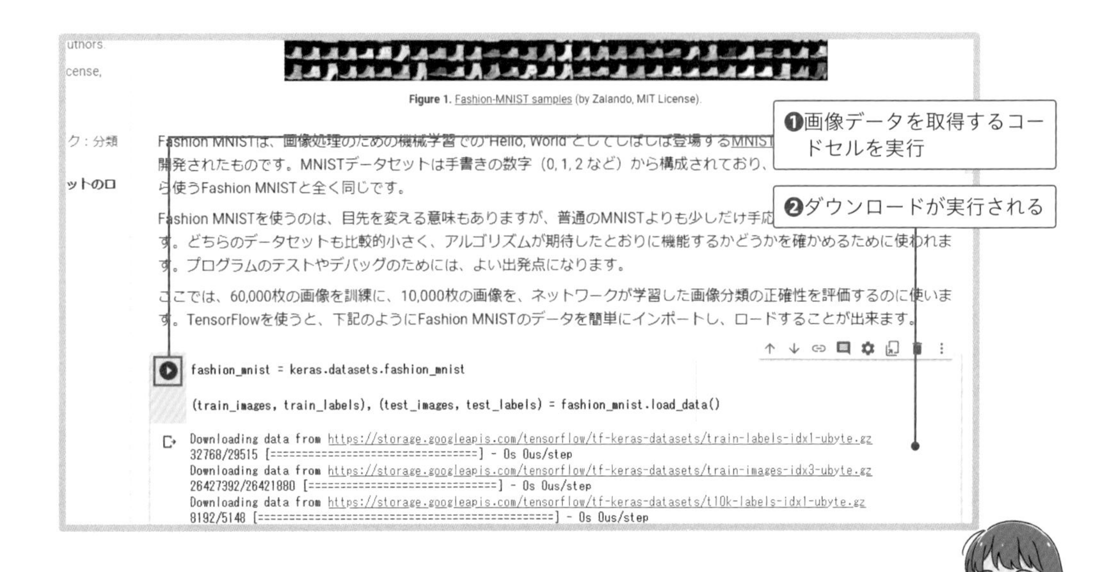

あれ？　何かエラーが出てしまったよ

たぶん途中のコードセルを実行し忘れてるんじゃないかな？　少し前に戻って順番に実行してみよう

1つのWebページ内のプログラムはつながっているため、途中のコードセルを実行し忘れるとエラーが発生することがあります。例えば、変数を定義するコードセルを実行し忘れると、その変数を参照するコードセルでエラーが発生します。

つい、機械的にコードセルを実行してしまいがちだけど、目的は学習すること。プログラムをちゃんと読もうね

ダウンロードした画像は、学習しやすい形に加工しなければいけません。これを**前処理**といいます。画像の場合は、ピクセルの輝度を示す0〜255の数値を、0〜1.0に変換します。

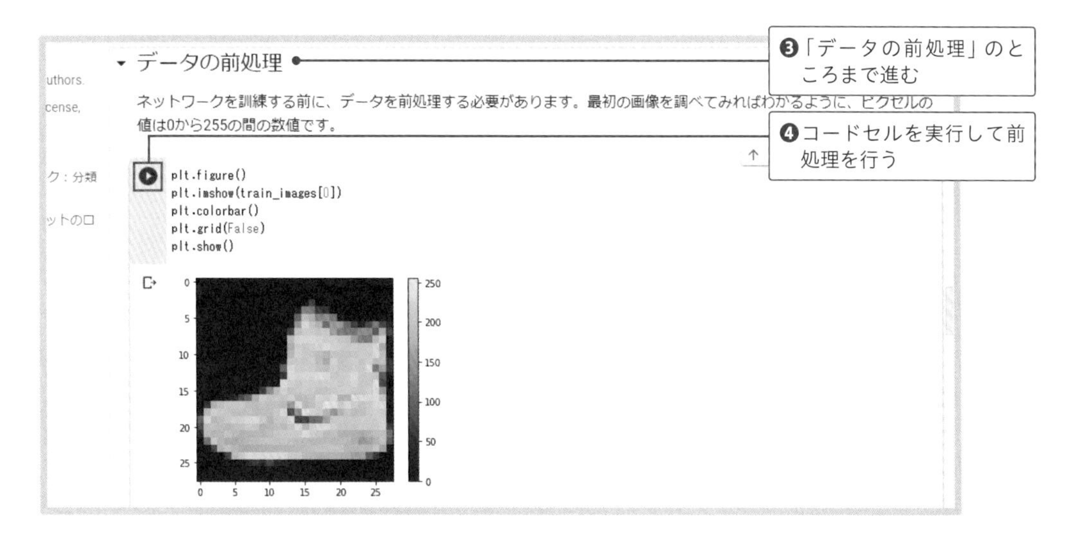

ここで**train_imagesとtest_imagesという2つの変数**が出現します。どちらも衣類画像のリストですが、train_imagesは学習に使い、test_imagesは学習後のAIをテストするために使います。

「モデル」を構築する

学習用データの準備が終わったら、それをAIに学習させて、各衣類を区別するための特徴情報を抽出します。特徴の学習によって産み出されたもののことを**モデル**といいます。

モデルの構築は、「層の設定」と「コンパイル」に分かれています。詳しい説明は省きますが、これらの処理を実行すると学習前のモデルが作られます。モデルのオブジェクトは**変数model**に入っています。

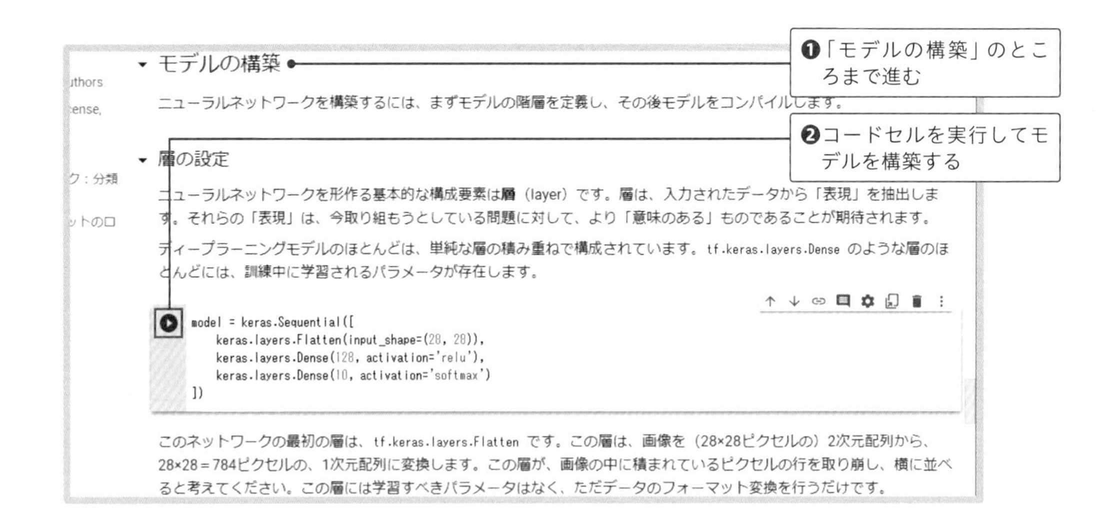

学習用データ（trains_iamges）をモデルに与えて、モデルが正しく衣類を区別できるよう訓練します。

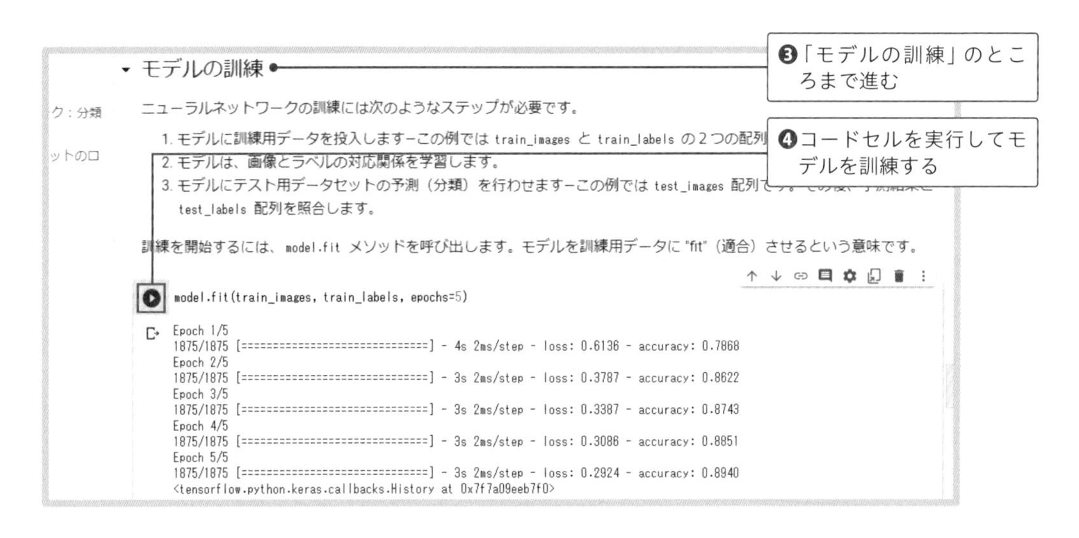

あ、進行を表すバーが出てきた。今AIが一生懸命に学習してるんだね

バーの横に表示されているlossは「損失値」、accuracyは「正解率」だよ。訓練が進むと少しずつlossが下がって、accuracyが上がっているのがわかるかな

モデルを使って予測する

モデルの訓練が終わったら、テスト用データ（test_images）を渡して予測させます。

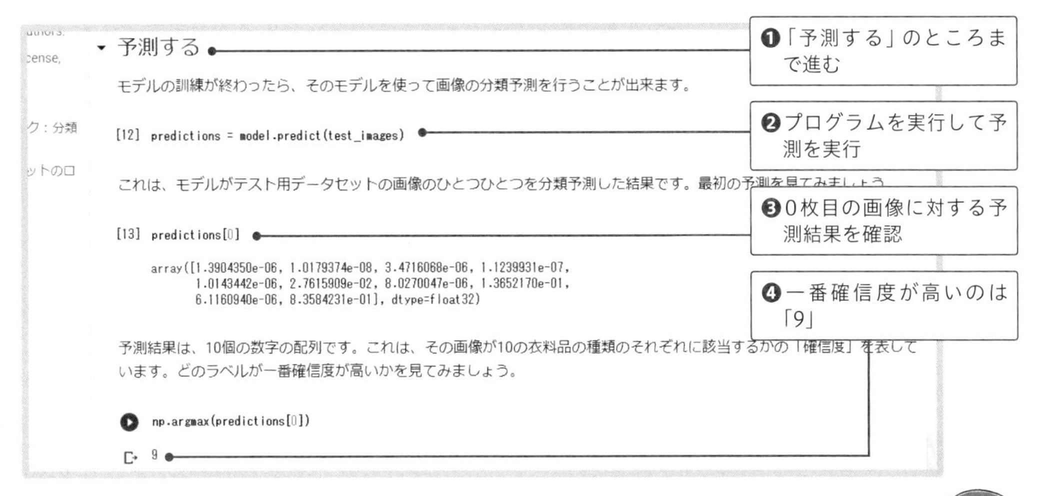

「9」って何？　衣類の種類を当てさせてるんでしょ？

衣類の種類に数値を割り当ててるのよ。「9」はアンクルブーツだね

予測結果は次のように解読します。10種類の衣類それぞれに対する**確信度**が表示されるので、それが一番高いものが予測される種類といえます。確信度の「e-0x」は10の-x乗を意味するので、アンクルブーツの「8.3584231e-01（約0.8）」が一番高いです。

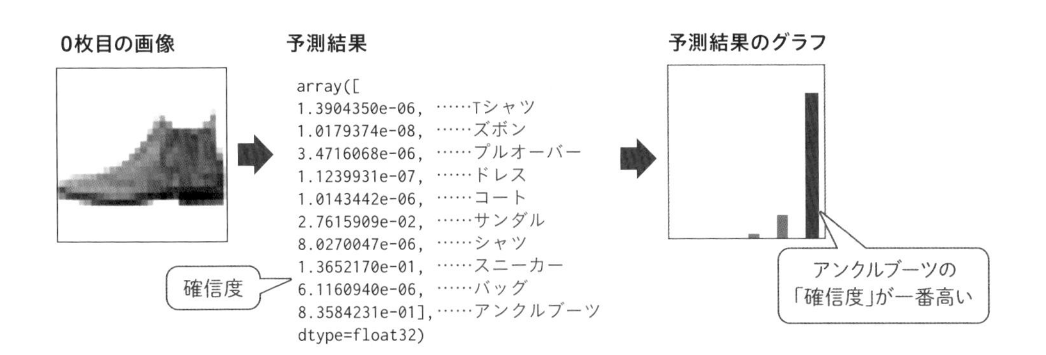

当たったね！　自分で撮った写真でも予測できるのかな？

このWebページの中から必要な部分をコピペしたプログラムを作って、パソコン内で実行すればできると思うよ

パソコン内でTensorFlowを動かすには

TensorFlowはもちろんパソコン内でも実行できます。ただし、本書執筆時点（2021年4月）では、TensorFlowの動作環境がPython 3.6〜3.8なので、Python 3.9からは利用できません。まず、Pythonの公式サイト（P.21参照）から3.8.xを探してインストールしてください。

次にPython 3.8を対象として、pipコマンドでTensorFlowなどをインストールします。WindowsではPythonランチャー（P.23参照）で3.8を指定し、macOSでは「python3.8」と指定してインストールしましょう。

TensorFlowのインストール（Windows）

```
py -3.8 -m pip install --upgrade pip

py -3.8 -m pip install tensorflow

py -3.8 -m pip install matplotlib
```

あとは、プログラムの必要な部分を貼り付けたPythonファイルを作成して実行します。IDLEだと実行時間が大幅に伸びるため、コマンドプロンプトやターミナルで実行しましょう。

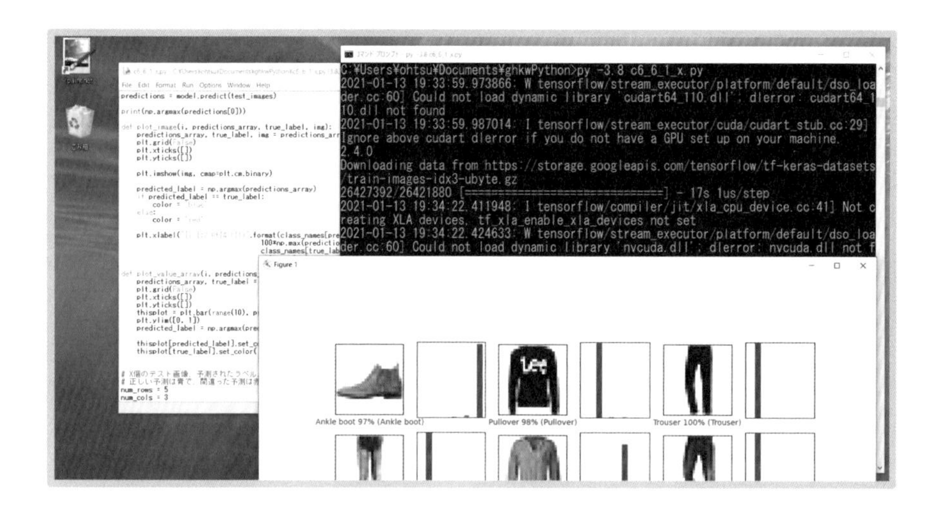

また、「EOFError : Compressed file ended before the end-of-stream marker was reached」というエラーが出る場合、画像データのダウンロードに失敗しています。おそらくキャッシュのフォルダ（「C:¥Users¥ユーザー名¥.keras¥datasets¥fashion-mnist」など）に壊れたファイルが残っているので、それらを削除して再実行してみてください。

自分のパソコンで動かすの、意外と準備がいるね

開発環境を整えるのって、大変なときもあるんだよ。そこに手間をかけるより、Google Colaboratoryにあるいろいろなチュートリアルで機械学習自体を勉強したほうがいいんじゃないかな

そっか。それもそうだね！

Point Windowsで古いバージョンが起動してしまう場合は

Windowsに複数バージョンのPythonをインストールすると、コマンドプロンプトにpythonコマンドを入力したときに、あとからインストールしたほうが起動してしまうことがあります。気になる場合は、環境変数のPathの優先順位を変更しましょう。

スタートメニューのボックスに「path」と入力し、＜環境変数を編集＞を選択して、＜環境変数＞ウィンドウを表示します。ここでPathを編集し、新しいバージョンのパスの優先順位を上げます。

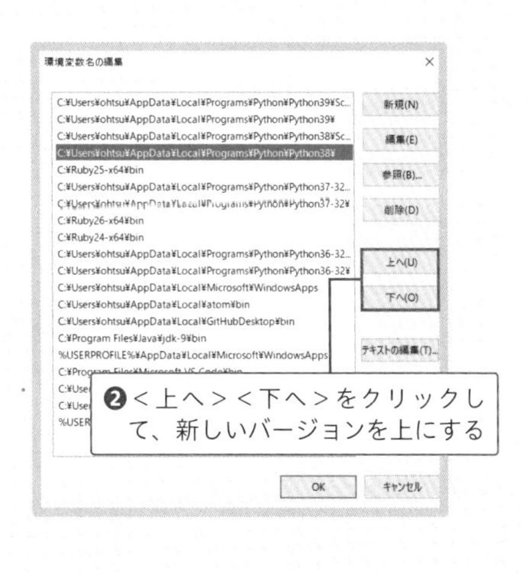

データ分析やAIの分野を自分でプログラミングするなんて難しいと思ってたけど、Pythonを知っていたらチャレンジするのは簡単だね。サードパーティ製ライブラリに感謝だよ

そうなの！　データ分析や機械学習の知識はまた別に学ぶ必要があるけど、Pythonを身につければいろんなことにすぐ挑戦できるよ

まとめ

- 複数のモジュールをまとめ、配布しやすくしたものを「パッケージ」と呼ぶ
- PyPIで公開されているパッケージは、pipコマンドでインストールする
- pandasは表形式のデータの編集、分析のためのライブラリで、表計算ソフトに近いことができる
- グラフ作成にはMatplotlibというライブラリを使用する。pandasのグラフ作成機能もMatplotlibを利用している
- TensorFlowは機械学習のためのライブラリ。TensorFlowのチュートリアルはGoogle Colaboratoryで実行できる

あとがき

「やさしくわかるPythonの教室」でのPythonプログラミング体験はいかがでしたか？　知らなかった情報を得ることができた、エラーの見方がわかるようになった、疑問が解消した、あるいは新たに疑問が湧いたなどいろいろあるかと思います。

私たちが本書を監修するにあたり意識したのは、プログラミング未経験の人がなるべくつまずかずに学習を進められるようにしたことです。

プログラミング関連の書籍はたくさんありますが、学び始めの段階では、体系的に学べる書籍は分厚くてなかなか読み進められなかったり、入門書を読んでみたものの抽象的な説明が多く具体的にイメージするのが難しいと感じてしまうこともあるかと思います。

本書では、誤った表現がないかはもちろんのこと、プログラミングを学び始めた人が混乱しそうな構成になっていないか、この説明でイメージできそうか、どんな疑問を持ちそうかなどを意識して監修させていただきました。プログラミングする上で最低限必要となる概念やコードの書き方に重点をおき「やさしくわかる」説明を心がけました。また、先生と生徒の対話を追うことでレッスンを体験できるようにイラストを使い楽しく読み進められるようにしました。

本書の活用例を挙げると、Python公式ドキュメント（https://docs.python.org/3/）への導入としても使っていただけることです。Python言語リファレンスは内容が充実している分、はじめはどこを見ればよいのか迷ってしまったり、記載されている内容を理解するのが難しく感じてしまうこともあるかと思います。そのようなつまずきポイントを少しでも減らせるように、なるべく噛み砕いて説明しリファレンスへの参照を載せるようにしました。

リファレンスの内容を理解したり目的の説明を探し出すのもプログラミングに必要な要素ですので、その導入としても本書を活用していただければと思います。

知識を得たらコードを書いて試してみるというのも、プログラミングを学ぶ上で大切なサイクルです。本書ではすぐに試せるサンプルファイル（P.10参照）を提供していますが、実際にコードを入力して実行してみることをおすすめします。プログラミングをしているとエラーに遭遇したり、疑問が湧いたり、わかっちゃんのように「えんざんこ」と読み間違えてしまうこともあるかもしれませんが、間違いや失敗を解消したときの嬉しさを体験して次の学びに役立ててほしいと思います。

```
learn = None
while learn is None:
    try:
        learn = read_and_code()
    except BrainConfusionError:
        have_a_coffee_break()
else:
    stepup(learn)
```

です！

本書のコードとは違いこちらは実行するとエラーになりますが（笑）、このような心持ちで学べるとよいのではないかなと個人的には思っています。

ここで学んだことをベースにコードを改良したり、より専門的で深い情報に触れたりしてステップアップしていただければと思います。

Pythonを学び始めた理由はさまざまあると思いますが、本書がみなさんのPythonプログラミングの第一歩となり、一助となると幸いです。

2021年4月 株式会社ビープラウド 監修 Yukie

Index

記号

!= (ビックリマークとイコール) 82
" (ダブルクォート) 52
(シャープ) 57
% (パーセント) 41
( ) (丸カッコ) 66
' (シングルクォート) 52
- (マイナス) 36
* (アスタリスク) 36, 59, 166
** (アスタリスク2個) 41
. (ドット) 73
/ (スラッシュ) 36
// (スラッシュ2個) 40
[ ] (角カッコ) 62
__init__メソッド 175, 177
__str__メソッド 179
{ } (波カッコ) 53, 68
¥ (円マーク) 55
\ (バックスラッシュ) 55
+ (プラス) 36, 58
+= (プラスとイコール) 59
< (小なり) 82
<= (小なりとイコール) 82
= (イコール) 49, 67
== (イコール2個) 82
> (大なり) 82
>= (大なりとイコール) 82

A・B・C

AI 208
Anaconda 19, 193
and演算子 100
appendメソッド 73
break文 116
class文 174
compileメソッド 145
Conda-forge 193
continue文 117

D

DataFrameオブジェクト 196
datetimeモジュール 128
def文 154, 175
dict型 61, 68

E

elif節 99
else節 88, 119
enumerate関数 104
except節 171

F

False 82
float型 34, 61
for句 110
for文 102
f-string 53

G

global文 161
globメソッド 135
Google Colaboratory 19, 209

I・J

IDLE 20
if句 112
if文 86
import文 124, 183
in 85
input関数 90
int型 34, 61
int関数 91
isdigitメソッド 94
itemgetterメソッド 77
Jupyter Notebook 20

L

len関数 47, 103
listオブジェクト 73
list型 61
list関数 113
locプロパティ 199

M・N

mainモジュール 185
matchオブジェクト 146
Matplotlib 196
None 145
not 98

not in 85
nowメソッド 129

O・P

or演算子 101
pandas 196
pandas.concat関数 201
pass文 157
pathlibモジュール 134
Pathオブジェクト 134
pipコマンド 192
pivot_tableメソッド 202
plotメソッド 204
popメソッド 74
print関数 42
PyPI 16, 191
Python公式サイト 18
Pythonドキュメント 39
Pythonのインストール 21
Pythonランチャー 23, 216

R

range関数 106
RAW文字列 56
read_csv関数 198
read_textメソッド 137
replaceメソッド 142
return文 158
reversed関数 105
reモジュール 144

S

searchメソッド 145
Seriesオブジェクト 196
sorted関数 76
sortメソッド 75
splitlinesメソッド 141
splitメソッド 142
strオブジェクト 140
str型 34, 61
str関数 60
subメソッド 149
sum関数 104

T

TensorFlow 208
timedeltaオブジェクト 132
total_secondsメソッド 133
Traceback 168
True 82
try文 171
tupple型 61
TypeError 60, 91, 169

V・W

ValueError 93
venv 195
Visual Studio Code 20
weekdayメソッド 131
while文 114
write_textメソッド 138

あ行

値 34
イテラブル、イテレータ 71, 102
イミュータブル 162
入れ子 70, 96, 107
インスタンス 173
インスタンス変数 175
インデックス 63
インデント 86
インポート 123
エスケープシーケンス 55
演算子 33, 36
演算子の優先順位 39
オブジェクト 72, 162, 172
折れ線グラフ 204

か行

型 33
可変長位置引数 165
可変長キーワード引数 166
可変長引数 45, 165
関数 33
関数定義 154
キー 68
キーワード引数 46, 164
機械学習 17, 208
組み込み関数 47
クラス 172
クラス定義 176
クラスメソッド 181

繰り返し 81, 102, 106, 110, 114
グローバル変数 161
継承 181
コマンドプロンプト 27, 30, 192
コメント 57

さ行

サードパーティ製ライブラリ 16, 123, 190
三重クォート文字列 56
シーケンス演算 78
シェルウィンドウ 25
式 119
辞書 68
順次 80
条件分岐 86, 96
書式指定子 53, 131
数値 34, 61
スコープ 156
スライス 64
正規表現 144
整数 34
節 119
ソースコード 24
属性 181

た行

ターミナル 27, 30
代入 49
対話モード 24
タプル 66
単純文 119
ディープラーニング 17
データ型 33
データクラス 175
データサイエンス 17
データ分析 196
デフォルトの引数値 165
特殊メソッド 175, 177
トレースバック 168

な行

内包表記 110
ネスト 70, 96, 107

は行

パスの設定 21
パッケージ 187, 192
パッケージのインストール 194
反復 80, 102
比較演算子 82
引数 45, 154
引数のアンパック 167
ビッグデータ 17
標準ライブラリ 16, 122
フォーマット済み文字列 53, 130
複数代入 67
複数バージョンの使い分け 23
浮動小数点数 34
負のインデックス 65
プログラミング言語 14
ブロック 86
プロンプト 25
文 119
分岐 80
変数 48

ま行

ミュータブル 163
無限ループ 115
命名ルール 50
メソッド 33, 72
メソッド定義 178
面グラフ 206
文字コード 138
モジュール 123, 182
文字列 34
文字列の連結 58
文字列メソッド 140
戻り値 47, 154, 158

や行・ら行・わ行

要素 63
リスト 62
累算代入文 59
ループ 81
例外 171
ローカル変数 157, 161
ワイルドカード 136

[監修] 株式会社ビープラウド
ビープラウドは2008年にPythonを主言語として採用、また優秀なPythonエンジニアがより力を発揮できる環境作りに努めています。Pythonに特化したオンライン学習サービス「PyQ（パイキュー）」などを通してそのノウハウを発信しています。また、IT勉強会支援プラットフォーム「connpass（コンパス）」の開発・運営や勉強会「BPStudy」の主催など、コミュニティ活動にも積極的に取り組んでいます。
https://www.beproud.jp/

[執筆] 株式会社リブロワークス
書籍の企画、編集、デザインを手がけるプロダクション。手がける書籍はスマートフォン、Webサービス、プログラミング、Webデザインなど IT系を中心に幅広い。著書に『たった1日で基本が身に付く！ Unity超入門』（技術評論社）、『スラスラ読めるPythonふりがなプログラミング』（インプレス）、『みんなが欲しかった！ ITパスポートの教科書&問題集 2021年度』（TAC出版）など。
https://www.libroworks.co.jp

■お問い合わせについて
本書の内容に関するご質問は、下記の宛先までFAXまたは書面にてお送りください。電話によるご質問、および本書に記載されている内容以外の事柄に関するご質問にはお答えできかねます。あらかじめご了承ください。

〒162-0846
東京都新宿区市谷左内町21-13
株式会社技術評論社　書籍編集部
「やさしくわかるPythonの教室」質問係
FAX番号　03-3513-6173
技術評論社ホームページ　https://gihyo.jp/book

なお、ご質問の際に記載いただいた個人情報は、ご質問の返答以外の目的には使用いたしません。また、ご質問の返答後は速やかに破棄させていただきます。

●カバー・本文デザイン　風間篤士（リブロワークス デザイン室）
●編集・DTP　リブロワークス
●イラスト　加藤アカツキ
●担当　野田大貴

やさしくわかるPython（パイソン）の教室（きょうしつ）

2021年 5月28日　初版 第1刷発行

著者　リブロワークス
監修　株式会社ビープラウド
発行者　片岡 巌
発行所　株式会社技術評論社
東京都新宿区市谷左内町21-13
電話　03-3513-6150　販売促進部
03-3513-6177　雑誌編集部
印刷／製本　図書印刷株式会社

定価はカバーに表示してあります。

ISBN 978-4-297-12117-4　C3055
Printed in Japan